Vorwort

Die gesellschaftlichen und wirtschaftlichen Rahmenbedingungen unterliegen einem ständigen Wandel. So werden heute von den Mitarbeitern in den Betrieben andere Fähigkeiten gefordert als vor ein paar Jahren. Es reicht heute nicht mehr, über ein fundiertes Fachwissen zu verfügen. Mitarbeiter müssen weitere Kompetenzen vorweisen, um in der beruflichen Praxis erfolgreich bestehen zu können. Hierzu gehört in ganz besonderem Maße die Fähigkeit, Projekte erfolgreich managen zu können.

Vor diesem Hintergrund ist es die Aufgabe aller Bildungsinstitutionen, den jungen Menschen die entsprechende Projektkompetenz zu vermitteln, um sie auf die Anforderungen der beruflichen Praxis vorzubereiten. Dies ist nur möglich, wenn in den Schulen und in den beruflichen Aus- und Weiterbildungen Projekte durchgeführt werden. So ist die Projektarbeit bereits in den Lehrplänen vieler Schularten enthalten und ein fester Bestandteil von modernen betrieblichen Ausbildungskonzepten. Eine optimale Förderung der Projektkompetenz ist durch eine Abstimmung von schulischer und betrieblicher Ausbildung im Rahmen von Lernortkooperationen möglich.

Wenn Lernende vor die Aufgabe gestellt werden, ein Projekt durchzuführen, dann verfügen sie in der Regel nicht über die erforderlichen Kenntnisse und Fähigkeiten. Eine vorher notwendige Methodenschulung erfolgt meist nicht. Deshalb benötigen die Lernenden unbedingt eine Quelle, um sich über die richtige Durchführung von Projekten umfassend informieren zu können. Sie lernen, wie Projektaufgaben im Rahmen von Schulungsprojekten bearbeitet werden, und erwerben bei der praktischen Anwendung der theoretischen Inhalte die vielfach geforderte Projektkompetenz, um später im Beruf Praxisprojekte erfolgreich durchführen zu können. Damit dieser Kompetenzerwerb möglichst optimal verläuft, habe ich im vorliegenden Buch gezielt methodisch-didaktische Aspekte, insbesondere das lernpsychologisch bevorzugte Konzept der Handlungsorientierung, berücksichtigt. Das Buch bietet den Lehrkräften eine wertvolle Hilfe bei den verschiedenen Methodenschulungen und natürlich bei der verantwortlichen Durchführung von Projekten in der Aus- und Weiterbildung.

Der Umgang mit dem Buch soll nicht nur den Lernenden, sondern auch den Lehrenden Spaß machen und zum gewünschten Erfolg führen. Deshalb habe ich auf eine einfache Textgestaltung Wert gelegt und spreche die Leser ganz persönlich an. Mit vielen Bildern und Grafiken aus der Projektarbeit wird der Text aufgelockert und veranschaulicht. Es soll keine wissenschaftliche Arbeit mit dem Anspruch auf Vollständigkeit sein, sondern ein Buch, das von allen Projektbeteiligten unmittelbar während ihrer Projektarbeit eingesetzt werden kann.

Bei der Bearbeitung der einzelnen Kapitel wird immer wieder auf das einführende Projektbeispiel Bezug genommen. Hierzu bekommen Sie Beispiele bzw. Arbeitsaufträge. Alle, die sich auf das Projektbeispiel beziehen, erkennen Sie an einem orangenen Fragezeichen und einer ebensolchen Hintergrundfarbe. Arbeitsblätter, weiterführende Beispiele und Informationsmaterial finden Sie auf der CD, auf die mit einem grünen Pfeil hingewiesen wird. Wichtige Inhalte auf einen Blick finden

Sie in Definitionen und Regeln, sie sind blau hervorgehoben. Hinweise (auch auf andere Kapitel) und Tipps sind violett hinterlegt. Durch Ihre aktive Beschäftigung mit dem einführenden Projektbeispiel erwerben Sie die Fähigkeiten, weiterführende Projekte erfolgreich durchführen zu können.

Zur Unterstützung der Projektarbeit liegt dem Buch eine CD bei. Darauf sind umfangreiche Materialien enthalten, die vom Leser direkt entnommen oder aber bequem an die jeweiligen Rahmenbedingungen angepasst werden können.

Die Konzeption des Buches ist eine von mehreren Möglichkeiten, die Projektmethode unter der zugrunde gelegten Intention zu erschließen. Deshalb bin ich für Anregungen und Verbesserungsvorschläge sehr dankbar. Nun wünsche ich allen Lesern viel Freude mit dem Buch, den entsprechenden Erfolg beim „Managen" der Projektarbeiten und dem Erwerb der Projektkompetenz.

Wäschenbeuren, im Frühjahr 2005
Dr. Dieter Kassner

Inhaltsverzeichnis

97406

Anmerkungen zum Gebrauch femininer Wortformen:

Zur besseren Lesbarkeit des Textes werden die traditionellen männlichen Wortformen verwandt. Sie stehen stellvertretend auch für die entsprechenden weiblichen Wortformen.

97408

1   Ein erster Zugang zur Projektarbeit

1.1   Das Projektbeispiel

1.1.1   Einführende Hinweise

Mit dem folgenden Projektbeispiel sollen Sie einen ersten Zugang zur Projektarbeit bekommen. Es ist thematisch so offen gestellt, dass es von Schülern aller Schularten an kaufmännischen Schulen, von Auszubildenden und von Studierenden in der beruflichen Weiterbildung inhaltlich verstanden wird und diese sich damit identifizieren können. Es kann als Beispiel und als Informationsgrundlage zur Bearbeitung von weiteren Projekten dienen.

Die inhaltliche Auseinandersetzung mit dem Projektbeispiel führt zwangsläufig zur Frage nach dem Erwerb von beruflichen Kompetenzen und den hierfür geeigneten Lehr- und Lernmethoden. Die Projektarbeit ist eine sehr wichtige Methode zum beruflichen Kompetenzerwerb, was sich bei der Bearbeitung des Projektbeispiels von selbst erklärt. Die Bedeutung der Projektkompetenz ist im Thema des Projektbeispiels implizit enthalten, d. h., die Lösung der Projektaufgabe selbst führt zur Bedeutung der Projektarbeit und der Projektkompetenz.

Auch wenn Sie Schüler in einer der verschiedenen Schularten des kaufmännischen Schulwesens sind, können Sie das Projektbeispiel, das sich auf einen Industriebetrieb bezieht, bestens bearbeiten. Sollten Sie Auszubildender oder ein in der beruflichen Weiterbildung stehender Mitarbeiter einer anderen Branche sein, dann können Sie selbstverständlich das Projektbeispiel auf die Verhältnisse Ihres Unternehmens beziehen. Versetzen Sie sich bitte in die Situation, dass Sie persönlich unter den entsprechenden Rahmenbedingungen die Projektaufgabe erledigen sollen – identifizieren Sie sich mit der Rolle des Mitglieds eines Projektteams, das die Problemstellung des Projektbeispiels vorgelegt bekommt. Stellen Sie sich vor, Sie wären entweder Auszubildender oder ein jüngerer Mitarbeiter, der eine berufsbegleitende Weiterbildungsmaßnahme besucht. In dieser Rolle wären Sie in dem Unternehmen, auf das sich das Projektbeispiel bezieht, beschäftigt.

1.1.2   Die Rahmenbedingungen

Das Projektbeispiel bezieht sich auf das folgende Unternehmen mit den entsprechenden Rahmenbedingungen:

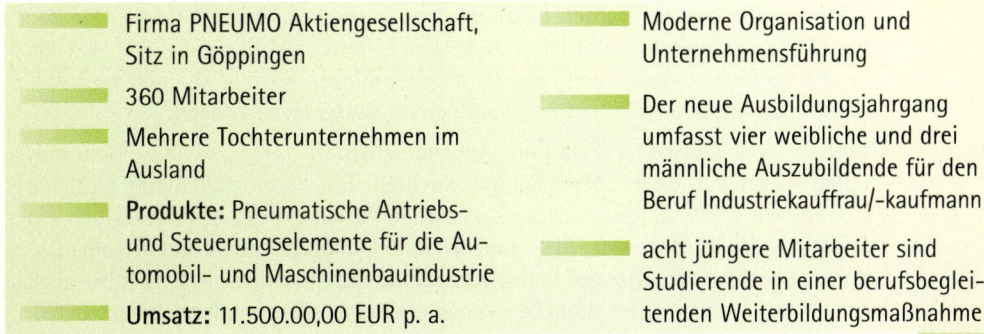

- Firma PNEUMO Aktiengesellschaft, Sitz in Göppingen
- 360 Mitarbeiter
- Mehrere Tochterunternehmen im Ausland
- **Produkte:** Pneumatische Antriebs- und Steuerungselemente für die Automobil- und Maschinenbauindustrie
- **Umsatz:** 11.500.00,00 EUR p. a.

- Moderne Organisation und Unternehmensführung
- Der neue Ausbildungsjahrgang umfasst vier weibliche und drei männliche Auszubildende für den Beruf Industriekauffrau/-kaufmann
- acht jüngere Mitarbeiter sind Studierende in einer berufsbegleitenden Weiterbildungsmaßnahme

1.1.3 Die Problemstellung

Die Geschäftsleitung der Firma PNEUMO Aktiengesellschaft hat in jüngster Vergangenheit ständig die betrieblichen Abläufe unter Einsatz einer integrierten Unternehmenssoftware verbessert. Das innerbetriebliche Ausbildungssystem ist jedoch seit Jahren gleich geblieben und wurde den starken Veränderungsprozessen in der Wirtschaft nicht angepasst. Auch die Personalentwicklung durch berufsbegleitende Weiterbildungsmöglichkeiten wurde eher dem Zufall überlassen. Das Unternehmen möchte nun auch die Ausbildung seiner kaufmännischen Auszubildenden und die berufliche Weiterbildung seiner jungen Mitarbeiter aktualisieren und optimieren. Zu beachten sind hierbei die Rahmenbedingungen der dualen Berufsausbildung. Insbesondere sollen die Berufsausbildungsordnung und die Rahmenlehrpläne berücksichtigt werden. Auch die bestehenden Weiterbildungsmaßnahmen und deren rechtliche Regelungen sind zu beachten.

Die Personalabteilung hat deshalb von der Geschäftsleitung die Aufgabe erhalten, das Aus- und Weiterbildungssystem der Firma PNEUMO Aktiengesellschaft zu modernisieren. In Absprache mit der Personalabteilung sollen die Auszubildenden und die Personen in der Weiterbildung in den Lösungsprozess mit einbezogen werden. Sie selbst sind von den geplanten Neuerungen betroffen und können mit der Projektaufgabe bereits eine neue Arbeitsmethode kennen lernen, die für eine moderne Aus- und Weiterbildung eine große Bedeutung hat.

■ Versetzen Sie sich in die Rolle, dass Sie zu dem entsprechenden Personenkreis von sieben Auszubildenden und acht Mitarbeitern, die in der beruflichen Weiterbildung stehen, gehören.

■ Falls Sie in einer anderen Branche als im Industriebereich tätig sind, dann übertragen Sie die Projektaufgabe auf Ihr Unternehmen.

Nun wird Ihnen der folgende Projektauftrag vorgelegt:

Projektthema

Konzeption eines modernen Aus- und Weiterbildungssystems

Die Projektbeschreibung

Hintergrundinformation:

Die gesellschaftlichen und wirtschaftlichen Rahmenbedingungen unterliegen einem ständigen Wandel. So werden heute von den Menschen in den Betrieben andere Fähigkeiten gefordert als vor ein paar Jahren. Es reicht heute nicht mehr, über ein fundiertes Fachwissen zu verfügen. Mitarbeiter müssen weitere Kompetenzen vorweisen, um in der beruflichen Praxis erfolgreich bestehen zu können.

Deshalb will die Firma PNEUMO Aktiengesellschaft ihr Aus- und Weiterbildungssystem auf diese Entwicklung ausrichten. Die Personalabteilung gibt den Betroffenen eines solchen Konzeptes selbst die Aufgabe, in einer Projektarbeit ein Konzept für ein modernes Aus- und Weiterbildungssystem zu entwickeln. Das Konzept bezieht sich zwar auf Industriekaufleute des Modellbetriebs, soll aber auch für Unternehmen anderer Branchen kompatibel eingesetzt werden können. Es soll

974010

den Wünschen der Geschäftsleitung und damit den Qualifikationsanforderungen eines modernen Industriebetriebs an die zukünftigen Mitarbeiter gerecht werden.

Projektbedingungen:

- Projektbearbeitung durch sieben Auszubildende und acht Mitarbeiter, die sich beruflich weiterbilden.
- Zur Informationsbeschaffung stehen Ihnen die Mitarbeiter und die Informationssysteme des Unternehmens zur Verfügung.
- Für die Ausarbeitung und die Präsentation erhalten Sie alle notwendigen Präsentationsmittel.
- Abschlusstermin des Projekts in der KW 19.
- Präsentation der Projektergebnisse vor der Geschäftsleitung, der mittleren Führungsebene und weiteren Interessenten im großen Sitzungssaal des Unternehmens in der KW 22.
- Die Kosten für das Projekt dürfen maximal 3.000,00 € betragen.
- Für alle Projektbeteiligten stehen insgesamt 30 Arbeitstage zur Verfügung.

Projektaufgaben:

- Erstellen Sie eine Projektplanung.
- Bilden Sie Arbeitsgruppen mit je drei Mitgliedern.
- Formulieren Sie in den Arbeitsgruppen Unterthemen zum Projektthema.
- Informieren Sie sich über die rechtlichen Grundlagen der Ausbildung zum Industriekaufmann bzw. zur Industriekauffrau.
- Informieren Sie sich über die beruflichen Weiterbildungsmöglichkeiten und deren rechtliche Grundlagen.
- Führen Sie Befragungen in Ihrem Unternehmen zum bestehenden Aus- und Weiterbildungssystem durch.
- Befragen Sie andere Unternehmen zu deren Erfahrungen mit ihren Aus- und Weiterbildungssystemen.
- Befragen Sie Personalchefs von anderen Unternehmen zu den erwarteten Kompetenzen von Mitarbeitern.
- Führen Sie Interviews mit Pädagogen zu Fragen der Lernformen und Lernmethoden.
- Werten Sie Ihre gewonnen Informationen aus und stellen Sie diese Ergebnisse anschaulich dar.
- Dokumentieren Sie Ihren Arbeitsprozess in Form von schriftlichen Protokollen.
- Fassen Sie Ihre Projektergebnisse in einer schriftlichen Dokumentation in dreifacher Ausfertigung zusammen.
- Präsentieren Sie die Ergebnisse des Projektes vor der Geschäftsleitung und weiteren Führungskräften Ihres Unternehmens. Interessierte Personen wie Ausbilder von anderen Unternehmen, Vertreter der IHK und Lehrer der Kaufmännischen Berufsschule werden zur Präsentation eingeladen.
- Reflektieren Sie Ihre Projektarbeit mit allen Projektbeteiligten.

■ Halten Sie die Ergebnisse der Reflektion in einem schriftlichen Protokoll fest.

> Lenkungsausschuss:
>
> Auftraggeber:
>
> Projektleitung:
>
> Datum:

Der Projektauftrag wird zum besseren Verständnis sehr ausführlich dargestellt. Eine kürzere Darstellung in einem Formblatt ist ebenso möglich. Sie finden ein Formblatt auf der CD im Ordner „Vorlagen" unter „Projektauftrag". Projektbeispiele hierzu finden Sie auf der CD im Ordner „Projektbeispiele".

1.2 Wie bearbeiten Sie dieses Projekt?

Wenn Sie mit einem derartigen Projektauftrag in der Schule, im Ausbildungsbetrieb oder im Rahmen einer beruflichen Weiterbildung betraut werden, müssen Sie sich zunächst klar machen, wie Sie diese neue Herausforderung angehen wollen. Sicherlich können Sie im Theorieteil dieses Buches nachschlagen, wie eine Projektarbeit abläuft. Für Sie kann es jedoch interessant sein, sich im Sinne von Versuch und Irrtum einmal an diese neue Herausforderung zu wagen.

ARBEITSAUFTRAG

Beantworten Sie deshalb bitte für sich selbst die folgende Frage:

Welche Schritte sind meiner Meinung nach erforderlich, um das Projektbeispiel zu bearbeiten?

Auf der CD ist im Ordner „Arbeitsblätter" in der Datei „Erste Schritte im Projekt" ein Arbeitsblatt enthalten, auf welchem Sie den Arbeitsauftrag erledigen können.

1.3 Eine Arbeitsgruppe wird gebildet

Sie haben bei Ihren individuellen Gedanken zum Ablauf der Projektarbeit sicherlich gemerkt, dass eine Projektarbeit immer mit anderen Teilnehmern am Projekt abgesprochen und abgestimmt werden muss. Deshalb sollten Sie nun in einer Arbeitsgruppe die gleiche Frage diskutieren, die Sie sich ja schon selbst beantwortet haben. Vielleicht haben Sie noch keine großen Erfahrungen mit Gruppenarbeiten und können somit diese Sozialform kennen lernen. Die Gruppenzusammensetzung spielt hier noch keine Rolle.

ARBEITSAUFTRAG

Beantworten Sie nun in Ihrer Arbeitsgruppe die folgende Frage:

Welche Schritte sind unserer Meinung nach erforderlich, um das Projektbeispiel zu bearbeiten?

Auf der CD ist im Ordner „Arbeitsblätter" in der Datei „Erste Diskussion im Team" ein Arbeitsblatt enthalten, auf welchem Sie den Arbeitsauftrag erledigen können.

974012

Durch die Bearbeitung der beiden Aufgaben haben Sie sicherlich einige Erfahrungen gesammelt, die Ihnen für Ihre Projektarbeit hilfreich sein können.

ARBEITSAUFTRAG

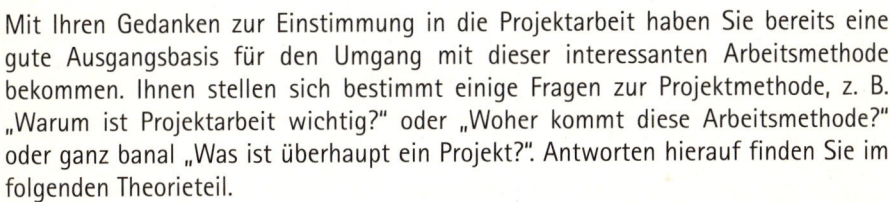

Beantworten Sie deshalb bitte für sich selbst die folgenden Fragen:

- Können Sie im Vergleich mit Ihren eigenen Vorschlägen und denen aus der Gruppenarbeit Qualitätsunterschiede feststellen?

- Welche Besonderheiten haben Sie in der Gruppenarbeit gegenüber Ihrer individuellen Arbeitsweise erfahren?

- Wie beurteilen Sie die Umsetzbarkeit der erarbeiteten Vorschläge zum Ablauf der Projektarbeit?

- Welche ersten Erkenntnisse habe ich persönlich aus der Eigenarbeit und der Gruppenarbeit gezogen?

Auf der CD ist im Ordner „Arbeitsblätter" in der Datei „Erfahrungen mit der Gruppenarbeit" ein Arbeitsblatt enthalten, auf welchem Sie den Arbeitsauftrag erledigen können.

Mit Ihren Gedanken zur Einstimmung in die Projektarbeit haben Sie bereits eine gute Ausgangsbasis für den Umgang mit dieser interessanten Arbeitsmethode bekommen. Ihnen stellen sich bestimmt einige Fragen zur Projektmethode, z. B. „Warum ist Projektarbeit wichtig?" oder „Woher kommt diese Arbeitsmethode?" oder ganz banal „Was ist überhaupt ein Projekt?". Antworten hierauf finden Sie im folgenden Theorieteil.

2 Gedanken zur Projektarbeit

2.1 Warum Projektarbeit?

Die Organisationsstrukturen der Unternehmen haben sich in den letzten Jahren deutlich gewandelt. Daraus resultieren Veränderungen in den Arbeitsabläufen, die wiederum veränderte Qualifikationsanforderungen an die Mitarbeiter stellen. Die folgenden Stellenanzeigen soll Ihnen verdeutlichen, dass die Unternehmen vermehrt Mitarbeiter mit Projektkompetenzen suchen.

So sucht beispielsweise die Firma HÖRNLEIN einen Projektleiter, zu dessen Aufgabengebiet insbesondere die „Planung und Leitung von Projekten" gehört.

HÖRNLEIN
UMFORMTECHNIK
Stanzen · Präger · Tiefziehen
komplexe Montagebaugruppen

Wir sind ein innovatives Unternehmen der Umformtechnik.

Für unsere Kunden – überwiegend aus der Automobilindustrie – fertigen wir Stanz- und Prägeteile sowie komplexe Montagebaugruppen.

Wir expandieren weiter.

Zur Verstärkung unseres Teams suchen wir einen

Projektleiter (m/w) Kalkulation

Zu Ihren Aufgaben gehören neben der Planung und Leitung von Projekten auch die selbst-ständige Erstellung von Angebotskalkulationen und die Bearbeitung von Kundenanfragen. Als kompetenter Ansprechpartner für unsere Kunden und Lieferanten entwickeln Sie beste Lösungen und führen Ihr Projektteam zielorientiert.

Sie passen am besten zu uns, wenn Sie neben Ihrer Ausbildung zum Meister oder Techniker fundierte Kenntnisse im Werkzeugbau, idealerweise Umformtechnik, sowie Refa-Kenntnisse besitzen. Sie sind kreativ, sind sowohl durchsetzungs- wie auch teamfähig und kontaktfreudig.

Wir bieten Ihnen neben einem interessanten, abwechslungsreichen und sicheren Arbeitsplatz ein auf Ihre persönliche Qualifikation abgestimmtes Weiterbildungsprogramm und entsprechende Entwicklungsperspektiven in einem wachsenden Unternehmen.

Interessiert?

Dann senden Sie bitte Ihre aussagefähigen Bewerbungsunterlagen mit Lichtbild unter Angabe des frühesten Eintrittstermins und Gehaltsvorstellung an unsere Persolanabteilung.

Perlenweg 6
73525 Schwäbisch Gmünd
Telefon 07171 1009-0
E-Mail: inge.bidlingmaier@hoernlein.com
http://www.hoernlein.com

---

nach: Gmünder Wochenblatt vom 06.11.2002

Auch bei der folgenden Stellenanzeige steht die „Planung, Organisation, Überwachung und Koordination der Kundenprojekte" im Mittelpunkt des Tätigkeitsbereichs des zukünftigen Mitarbeiters:

974014

nach: NWZ – Göppingen vom 24.01.2004

Vornehmlich wird an die berufsbildenden Schulen, an die Ausbildungbetriebe und an die Weiterbildungsträger die Anforderung gestellt Sie als Lernenden auf die stetigen Veränderungen im Beruf vorzubereiten, damit es Ihnen gelingt, sich erfolgreich in die Arbeitswelt zu integrieren. Ihnen sollen die sozialen, emotionalen und intellektuellen Voraussetzungen vermittelt werden, die es Ihnen ermöglichen, selbstständig und selbstverantwortlich Ihren Platz in der sozialen Gemeinschaft zu finden. Hierzu gehört vor allem, dass Sie sich in einer zukunftsorientierten Aus- und Weiterbildung die Qualifikationen erwerben, um einen Arbeitsplatz zu bekommen und diesen zu sichern.

Wenn von Ihnen veränderte berufliche Qualifikationen wie die Projektkompetenz erwartet werden, dann müssen Sie in der Aus- und Weiterbildung verstärkt Projektarbeiten durchführen. Denn: Schwimmen lernt man nur im Wasser – Projektkompetenz erwirbt man nur durch Projektarbeit!

Was versteht man eigentlich unter „Projektkompetenz"?

Projektkompetenz ist die Summe aller verfügbaren Handlungsmuster, Projekte erfolgreich durchführen zu können.

Zur Durchführung von Projekten sind vielfältige Qualifikationen und Fähigkeiten erforderlich, die allesamt unter die beruflichen Kompetenzen eingeordnet werden können. Wenn diese Kompetenzen für die Durchführung von Projekten erforderlich sind, dann können sie auch durch die Projektarbeit selbst gelernt und gefördert werden.

Wenn Sie also Projekte bearbeiten, dann können Sie damit mehrere berufliche Kompetenzen erwerben. Der folgende Kompetenzwürfel soll Ihnen hierfür einen Überblick geben:

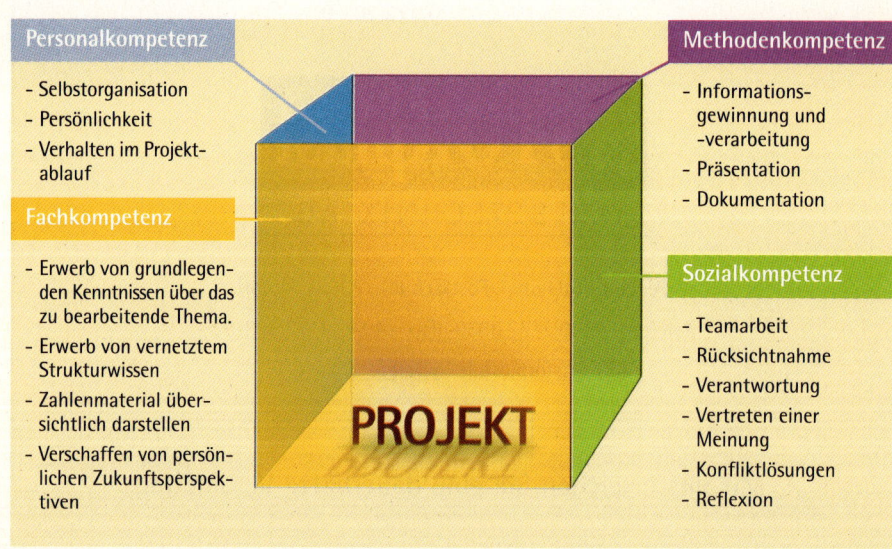

Kompetenzwürfel der Projektarbeit

974016

Die Projektarbeit kann ein wichtiger Schritt im Wandel der Bildung sein – von der **Belehrungskultur** zur **Lernkultur**. Diesen Wandel können Sie anhand der folgenden Kriterien erkennen:

Anzustreben ist ein Wandel von	... zu
1. ... systematischer Wissensvermittlung	➜ Problemlösen
2. ... nachvollziehendem Lernen	➜ Selbstgestaltung, Selbstorganisation
3. ... Reflexion und rezeptivem Lernen	➜ reflektierendem Handeln und entdeckendem Lernen
4. ... fehlender Betroffenheit	➜ aktiver Teilnahme und Motivation
5. ... angepasstem Lernen	➜ Ich- und lustbezogenem Lernen
6. ... individuellem Lernen	➜ sozialem Lernen
7. ... theoretisch-systematischem Lernen	➜ anwendungsbezogenem Lernen
8. ... Informationskonsum	➜ eigenständiger Informationsbeschaffung und -verarbeitung
9. ... anonymem Großgruppen- bzw. Klassenlernen	➜ Kleingruppenarbeit
10. ... Klassenzimmer-Lernen	➜ Lernortpluralität

Bildung im Wandel – aus: DER SPIEGEL 50/2001, S. 67

Projektkompetenz zeichnet sich dadurch aus, dass Sie in der Lage sind Antworten auf Fragen wie die folgenden zu finden:

- Wie grenze ich mein Projektthema ein?
- Welche Themenbereiche sind wichtig?
- Was ist eine wissenschaftliche Fragestellung?
- Wie und mit welchen Methoden beschaffe ich mir die notwendigen Informationen?
- Wie werte ich die beschafften Informationen aus?
- Wie plane ich meinen Projektablauf?
- Wie arbeite ich effektiv in einem Projektteam?
- Wie dokumentiere ich die Ergebnisse richtig?
- Wie und mit welchen Medien präsentiere ich richtig?
- Wie reflektiere und bewerte ich meine Projektarbeit?

Diese Auswahl von Fragen soll Ihnen zeigen, wie komplex die erfolgreiche Durchführung von Projekten ist. Sie spielen natürlich auch bei der Durchführung des einführenden Projektbeispiels eine wichtige Rolle.

Mit einer derartigen Projektaufgabe können Sie an Ihrem späteren Arbeitsplatz ständig konfrontiert werden. Für Sie ist es dann wichtig, die Projektaufgabe methodisch richtig bewältigen und zu einem erfolgreichen Abschluss führen zu können.

2.2 Wo liegt der Ursprung der Projektarbeit?

Der Begriff Projekt tauchte im pädagogischen Zusammenhang 1596 im Rahmen von Studentenwettbewerben an der „Academia di San Luca" in Rom auf, einer Kunst- und Architekturhochschule. Um die rein theoretische Ausbildung zu erweitern, durften die besten Architekturstudenten Entwürfe (italienisch: progetti = Projekte) einreichen (z. B. eine Kirche oder ein Denkmal), die dann prämiert wurden. Diese Projekte zeigten gegenüber dem herkömmlichen Unterricht grundlegend andere Merkmale:

- Studenten/Schüler führten ein größeres Vorhaben selbstverantwortlich durch.
- Sie bearbeiteten praktische Probleme, die mit dem Leben außerhalb der Schule zu tun haben.
- Sie verbanden Kenntnisse aus unterschiedlichen Fachgebieten, um ein vorzeigbares Produkt zu schaffen.

Somit ist die Projektmethode keine neue Unterrichtsform. Es finden sich schon bei Jean-Jacques Rousseau (1712 – 1778), bei Heinrich Pestalozzi (1746 – 1827) und bei Friedrich Fröbel (1782 – 1852) Ideenskizzen zur Projektarbeit. Das Lernen am Projekt verbreitete sich vor allem an den zahlreichen neu gegründeten Hochschulen für Technik und Industrie. In den USA war es vor allem der Pädagoge und Philosoph John Dewey (1859 – 1952), der das Projektkonzept in Reformbestrebungen des gesamten Schulwesens integrierte und umfassend mit demokratischer Erziehung verband.

Aus der Projektmethode wurden in den 70er- und 80er-Jahren des 20. Jahrhunderts vielfältige projektorientierte Unterrichtsformen weiterentwickelt, um auf die veränderten Anforderungen an den Unterricht zu reagieren.

2.3 Was versteht man unter einem Projekt?

Mit einem Projekt sollen Sie ein bestimmtes, gesellschaftlich relevantes Thema oder Problem in einer vorgegebenen Zeit und mit einem festgelegten Kostenrahmen bearbeiten. Meist wird die Projektaufgabe von einer oder mehreren Arbeitsgruppen gelöst. Da hierbei soziale Beziehungen erforderlich sind, ist der Arbeits- und Lernprozess ebenso wichtig wie das Projektergebnis selbst.

In einem Projekt geht es demnach um die durch Handlung lernende Bearbeitung einer konkreten Aufgabenstellung bzw. eines Vorhabens mit dem Schwerpunkt der Selbstplanung, der Selbstverantwortung und der praktischen Verwirklichung durch Sie als Projektmitarbeiter.

Für ein Projekt gibt es keine eindeutige, allgemein gültige Definition. Peter Eyerer definiert beispielsweise ein Projekt wie folgt:

DEFINITION

> Ein Projekt ist ein einmaliges, zeitlich befristetes Vorhaben mit einem spezifischen Ziel, bei dem jedoch sachlich, zeitlich, finanzielle und personelle Begrenzungen wirken. Die projektspezifische Organisation und die Komplexität der Zusammenhänge sind weitere Merkmale eines Projekts.

aus: Eyerer, Peter (2000). THOEPRAX – Projektarbeit in Aus- und Weiterbildung, S. 62

974018

Die DEFINITION nach DIN 69901 lautet:

Ein Projekt ist ein Vorhaben, das im Wesentlichen durch die Einmaligkeit der Bedingungen in ihrer Gesamtheit gekennzeichnet ist, z. B. Zielvorgabe, zeitliche, finanzielle und personelle und andere Begrenzungen, Abgrenzungen gegenüber anderen Vorhaben und eine projektspezifische Organisation.

Um Ihr Verständnis zur Projektarbeit zu fördern, sollen die Projektmerkmale nach der DIN-Definition etwas näher erläutert werden:

Projektmerkmale	Erläuterungen
Einmaligkeit/Abgrenzung	Ein Projekt ist in seiner Gesamtheit einzigartig – es ist von anderen Projekten klar abgegrenzt. Ein Projekt unterscheidet sich von der Alltagsarbeit. Allerdings kann die Durchführung einzelner Arbeitsschritte wiederum Routinetätigkeiten erfordern.
Zielvorgabe	Projekte müssen konkrete Ziele und Aufgabenstellungen haben. Allerdings sollten je nach Themenstellung im Projektablauf veränderte oder neue Zielsetzungen möglich sein.
Zeitbegrenzung	Projekte haben einen genau festgelegten Anfangs- und Endzeitpunkt. Eine besondere Bedeutung hat das Projektende, das durch die Fertigstellung des Produkts, der Projektbewertung bzw. der Zielerreichung gekennzeichnet ist.
Kostenbegrenzung	Für die Durchführung der meisten Projekte steht ein genau festgelegtes Budget zur Verfügung. Deshalb muss eine exakte Kostenplanung erfolgen.
Personalbegrenzung	Der Personaleinsatz bei Projekten ist ebenfalls begrenzt. Zwar gibt es auch Ein-Mann-Projekte, doch sind für die Durchführung eines Projekts meist ein oder mehrere Projektteams erforderlich.
Projektorganisation	Projekte sind durch eine gewisse Komplexität gekennzeichnet. Deshalb erfordern sie eine projektspezifische Organisation.

Über diese Projektmerkmale nach der DIN-Definition hinaus gibt es noch weitere typische Merkmale eines Projekts:

Merkmale	Erläuterungen
ungewiss/risikobehaftet	Der Ausgang und der Erfolg eines Projektes können nicht mit Sicherheit vorausbestimmt werden.
interdisziplinär	Bei der Projektarbeit werden Kenntnisse aus mehreren Fächern und Disziplinen benötigt, um das Projektziel erreichen zu können.
neuartig/innovativ	Da jedes Projekt einzigartig ist, werden meistens neuartige und innovative Ergebnisse und Erkenntnisse gewonnen.
konflikthaltig	Die Durchführung eines Projekts beinhaltet i. d. R. ein relativ hohes Konfliktpotenzial – dies ist in dieser Arbeitsform inbegriffen.

Aus pädagogischer Sicht zeichnet sich ein Projekt durch folgende Merkmale aus:

Merkmale	Beispiele
Selbstbestimmtes Lernen: Selbstorganisation und Selbstverantwortung	– Selbstverantwortliche Übernahme von Planungsschritten – Gemeinsame Fixierung der Ziele des Lernens und des methodischen Vorgehens – Jeder Einzelne trägt Verantwortung für das Gelingen des Projekts. – Entscheidung über die Art und Weise der Ergebnispräsentation – Lehrer fungiert nicht als Wissensvermittler, sondern als Moderator und Lernberater (vgl. Thema „Moderationsmethode").
Ganzheitliches Lernen	– Vorbereitung und Durchführung der Präsentation (z. B. Videofilm, Broschüre u. a.)
Fächerübergreifendes bzw. fächerverbindendes Lernen	– Erstellung eines Fragebogens oder Formulierung eines Textes für die Ergebnispräsentation: Deutsch, Textverarbeitung, EDV
Soziales Lernen	– Arbeitsteiligkeit – Zusammenarbeit im Team – Abstimmung von (Teil-)Ergebnissen – Konfliktregelung im Team
Orientierung an der Lebenswelt und den Interessen der Lernenden	– Einbringen von Interessen (berufliche oder private) bei der Festlegung des Projektthemas
Methodenbezogenes, zielgerichtetes Lernen	– Eigenständige Informationsbeschaffung – Unterschiedliche Formen der Problemlösung – Schlüssige Auswertung von Daten, Interpretation von Teilergebnissen – Ergebnisbewertung
Produktorientierung	– Ausstellung der Projektergebnisse

aus: Merkmale eines Projekts – Quelle: Mathes; Claus (2002). Wirtschaft unterrichten, S. 204 – 205

Nun sind Sie sicherlich in der Lage, den folgenden Arbeitsauftrag erfolgreich ausführen zu können:

ARBEITSAUFTRAG

Fassen Sie bitte die wichtigsten Merkmale eines Projekts in Stichworten auf Metaplankarten zusammen und heften Sie diese an eine Pinnwand.

974020

2.4   Projektarten

Die Projekte können in Projektarten klassifiziert werden. Für Sie dürfte die folgende Zweiteilung interessant sein. Demnach kann man unterscheiden:

- Wirtschaftsprojekte bzw. Unternehmensprojekte
- Schulungsprojekte bzw. Non-Profit-Projekte

Die **Wirtschaftsprojekte** bzw. **Unternehmensprojekte** werden in der betrieblichen Praxis durchgeführt. Hierfür werden geeignete Mitarbeiter in den Unternehmen benötigt (vgl. die Stellenanzeigen im Kapitel 2.1), die die Fähigkeiten mitbringen, derartige Projekte zu managen – sie benötigen die notwendige Projektkompetenz. Diese Praxisprojekte haben zwar unterschiedliche Inhalte, ihr gemeinsames Oberziel besteht jedoch in der **Maximierung des langfristigen Unternehmensgewinns**. Bezüglich der Projektinhalte können die folgenden Arten von Praxisprojekten unterschieden werden:

- Forschungs- und Entwicklungsprojekte
- Investitionsprojekte
- Bauprojekte
- EDV-Projekte
- Organisationsprojekte

Die erforderliche Projektkompetenz zur Durchführung von Praxisprojekten können Sie mit der Bearbeitung von Projekten in der Schule und in der Aus- und Weiterbildung erlangen. Jene Projekte kann man **Schulungsprojekte** bzw. **Non-Profit-Projekte** nennen. Bei ihnen ist vornehmlich der Weg das Ziel, denn durch den **Projektprozess** sollen die Beteiligten lernen, wie man Projekte bearbeitet und durchführt. Natürlich muss auch bei dieser Projektart ein Ziel bzw. ein Produkt erreicht werden, doch nicht mit dem hohen Anspruch und dem meist großen finanziellen Risiko wie bei Wirtschafts- bzw. Unternehmensprojekten.

HINWEIS/TIPP

Mit Schulungsprojekten bzw. Non-Profit-Projekten erwerben Sie sich die Projektkompetenz und damit die Fähigkeit, Projekte in der betrieblichen Praxis durchführen zu können – Sie proben für den Ernstfall!

3 Welche Personen sind an einem Projekt beteiligt?

3.1 Die Projektbeteiligten und ihre Aufgaben

Vor der Durchführung eines Projekts müssen die Personen und deren Aufgaben festgelegt werden.

Projektauftraggeber:

- Bei Schulungsprojekten sind in der Regel die Ausbilder bzw. die Lehrkräfte die Projektauftraggeber.
- Bei Wirtschaftsprojekten können Kunden oder Vorgesetzte Projektauftraggeber sein.
- Der Projektauftraggeber erteilt den Auftrag, das Projekt durchzuführen und gibt das Projektthema vor bzw. organisiert das Finden des Projektthemas.
- Der Projektauftraggeber kann gleichzeitig auch Projektmitarbeiter sein.

Projektleiter:

- Bei Schulungsprojekten ist der Projektleiter häufig mit dem Projektauftraggeber identisch – allerdings kann auch aus dem Kreis der Projektmitarbeiter ein Projektleiter ernannt werden.
- Bei Praxisprojekten wird ein Projektleiter aus dem Kreis der Projektmitarbeiter bestimmt.
- Der Projektleiter sollte Führungsqualitäten aufweisen – er leitet und koordiniert den Projektablauf.

Projektmitarbeiter:

- Projektmitarbeiter sind alle Personen, die am Projekt mitarbeiten.
- Die Projektmitarbeiter bearbeiten je nach Projektumfang entweder direkt die Projektaufgabe oder sie übernehmen verschiedene Arbeitspakete von Teilaufträgen, die sie in Arbeitsgruppen erledigen.

Protokollant:

- Je nach Bedarf werden aus dem Plenum und den einzelnen Arbeitsgruppen Protokollanten ermittelt.
- Der Protokollant hält den Ablauf und die Ergebnisse der jeweiligen Arbeitssitzungen fest – diese Protokolle dienen der Prozessdokumentation (vgl. Kapitel 5.10.1).

3.2 Die besonderen Aufgaben der Projektleitung

Die Projektleitung liegt bei den ersten Schulungsprojekten häufig bei den Ausbildern oder den Lehrkräften. Nach einem gewissen Lernfortschritt in dieser Arbeitsform kann die Projektleitung auch auf einen Projektmitarbeiter übertragen werden.

974022

Da die Teamarbeit im Mittelpunkt der Projekte steht, sind deren Steuerung und das Managen die zentralen Aufgaben der Projektleitung. Die Projektleiter sind außerdem Ansprechpartner und Vertrauenspersonen für alle weiteren Projektbeteiligten. Die Projektleitung ist die letztendliche Entscheidungsinstanz und vertritt das Projekt und deren Mitglieder nach außen. Durch das „Verkaufen" des Projekts nach außen kann das Teamgefühl verstärkt werden.

Die Projektleitung muss stets die Übersicht über den Projektablauf behalten. Sie soll möglichst ein Arbeitsklima schaffen, bei dem kreative Lösungen in Selbstständigkeit und Selbstverantwortung möglich sind.

Aufgaben des Projektleiters im Überblick

- Führung
- Planung
- Entscheidung
- Steuerung
- Repräsentation
- Kontrolle
- Dokumentation
- Berichterstattung
- Kommunikation

Die Steuerung von Projekten erfordert ein Projektmanagement und ein Projektcontrolling. Das **Projektmanagement** umfasst alle Planungs-, Kontroll- und Informationstätigkeiten sowie Entscheidungen hinsichtlich Personal-, Kosten-, Zeit- und Organisationsfragen, um das Projekt innerhalb des vorgegebenen Rahmens zu verwirklichen.

Eine etwas andere DEFINITION von Projektmanagement lautet:

> Projektmanagement ist die Kunst, die gewünschte Arbeit durch Menschen innerhalb der versprochenen Zeit und der zur Verfügung stehenden Mittel mit Erfolg durchzuführen.
>
> Wenn Sie diese Definition in ihre Elemente zerlegen, dann erhalten Sie wieder Begriffe, die die Projektarbeit kennzeichnen:
>
> - gewünschte Arbeit   = Ziel
> - durch Menschen   = Projektteam
> - versprochene Zeit   = Terminplanung
> - zur Verfügung stehende Mittel = Kombination von Ressourcen
> - mit Erfolg   = Zielerreichung

Das **Projektcontrolling** hingegen unterstützt die Steuerung des Projekts durch das Projektmanagement. Es sichert einen sinnvollen und ökonomischen Ablauf der Projekte.

4 Der Ablauf eines Projekts – Projektphasen

4.1 Übersicht über den Projektablauf

Jedes Projekt verläuft anders. Trotzdem ist es sinnvoll, anhand einer generellen Form den grundsätzlichen Ablauf eines Projekts darzustellen. Man spricht dann von einem **Projektphasenmodell**.

Projektphasenmodell

Ein Projektphasenmodell ist eine standardisierte Darstellung des Projektverlaufs. Dieser ist in zeitliche Abschnitte – die **Projektphasen** – gegliedert, die jeweils eindeutig bezeichnet werden können und die vorbestimmte Teilergebnisse auf dem Weg zum Gesamtprojekt liefern.

Projektphasen

Eine Projektphase ist ein zeitlicher Abschnitt eines Projektablaufs, der gegenüber den anderen Projektabschnitten sachlich abgegrenzt ist.

Merkmale einer Projektphase
- Sie ist zeitlich begrenzt.
- Es werden Teilziele des Projekts erbracht.
- Das Ergebnis wird überprüft und bewertet.

Damit Sie sich schnell über einen typischen Projektablauf informieren können, werden die Projektphasen zunächst in eine dreiteilige Phasenstruktur eingeteilt. Innerhalb dieser Einteilung werden insbesondere in der Vorbereitungsphase weitere Projektphasen genauer differenziert. Somit ergibt sich eine erste Einteilung der typischen Projektphasen.

Die **Vorbereitungsphase** umfasst
- die informelle Phase oder die Projektinitiative,
- die Definitionsphase oder die Projektskizze und
- die Planungsphase.

Die **Durchführungsphase** besteht aus
- der Realisationsphase.

Die **Abschlussphase** ist gekennzeichnet durch
- die Projektreflexion.

Über alle Phasen hinweg erfolgt
- die Projektbewertung.

Diese Projektphasen sind in der folgenden Übersicht mit den notwendigen Arbeitsschritten näher beschrieben. Bei jedem Arbeitsschritt in einer Projektphase

974024

müssen von Ihnen bestimmte Arbeitsmethoden und -techniken beherrscht und angewandt werden. Die zugehörigen Arbeitsmethoden und -techniken finden Sie in der rechten Spalte der Tabelle mit einem Verweis auf die jeweiligen Kapitel, in denen sie beschrieben werden. Daraus ergibt sich eine anschauliche Struktur eines Prozessablaufs. Anhand dieser Übersicht ist es möglich, sich schnell über die jeweiligen Bereiche eines Projekts zu informieren.

Projektphasen (mit Kapitelangabe)	Erläuterungen und Arbeitsschritte	Arbeitsmethoden und -techniken
Vorbereitungsphasen		Zuordnung zu den einzelnen Arbeitsschritten:
Informelle Phase – Projektinitiative 4.2	■ Ideensuche für ein Thema der Projektarbeit – vom Lehrenden – von den Lernenden – auch gemeinsame Ideensammlung ■ Erste Voruntersuchung ■ Überlegung über Projektleitung und Beteiligte	Planungs- und Problemlösungstechniken – 5.1 Entscheidungstechniken – 5.2 Metaplantechnik – 5.3 Mindmapping – 5.4
Definitionsphase – die Projektskizze 4.3	■ Auseinandersetzung mit der Projektinitiative ■ Entscheidung, ob Projektinitiative durchgeführt wird ■ Äußerung eigener Interessen und Betätigungswünsche ■ Anfertigen einer Projektskizze über – Problemanalyse – Aufgabenstellungen – Inhalt – Ziele – Zeitbedarf – Durchführbarkeitsprüfung – Projektbeteiligte – Materialien ■ Schriftliche Fixierung des Projektauftrags	Kommunikation – 5.8 Planungs- und Problemlösungstechniken – 5.1 Entscheidungstechniken – 5.2 Mindmapping – 5.4

Planungsphase 4.4	■ Konkretisierung der Projektskizze	
	■ Problem analysieren	Planungs- und Problemlösungstechniken – 5.1
	■ Ziele festlegen	
	■ Aufgabenstellungen formulieren	
	■ Aufgabenstellungen in Teilaufträge formulieren	Entscheidungstechniken – 5.2
	■ Projektgruppen einteilen	Kommunikation – 5.8
		Metaplantechnik – 5.3
	■ Zeitplanung für das Gesamtprojekt – „Meilensteine" festlegen	Zeitmanagement – 5.5
	■ Festlegung des Produkts	
	– Dokumentation	Gesamtdokumentation – 5.10.2
	– Videofilm	
	– Rollenspiel	
	– Theaterstück	
	■ Organisation der jeweiligen Gruppe	Teamarbeit und Teammanagement – 5.7
	– Aufgabenverteilung in der Gruppe	
	– Gruppensprecher bestimmen	
	– Zeitplanung für die Gruppe erstellen	Zeitmanagement – 5.5
Durchführungsphase		
Realisationsphase 4.5	■ Ausführung des Arbeitsplans in den jeweiligen Gruppen	Teamarbeit und Teammanagement – 5.7 Informationsbeschaffung – 5.9
	– Informationen gewinnen	Informationsauswertung – 5.9
	– Informationen auswerten und darstellen	
	– „Meilensteine" erreichen	
	– Dokumentation der Gruppenergebnisse	Prozessdokumentation – 5.10.1
	– Präsentation der Gruppenergebnisse den anderen Gruppen	Präsentationsmedien, Präsentationsmethoden und -techniken – 5.11.5

974026

Projektphasen (mit Kapitelangabe)	Erläuterungen und Arbeitsschritte	Arbeitsmethoden und -techniken
Fortsetzung: **Realisationsphase 4.5**	■ Besprechung der Gruppenergebnisse im Plenum – Diskussion über die präsentierten Gruppenergebnisse – Inhaltliche Abstimmung der Gruppen untereinander – Diskussion über die Präsentationstechniken und Abstimmung zwischen den Gruppen ■ Weitere Überarbeitung in den jeweiligen Gruppen notwendig, wenn das Plenum mehrheitlich Korrekturen vornimmt – beim Inhalt – bei der Dokumentation – bei den Präsentationstechniken ■ Zusammenführung der Gruppenergebnisse im Plenum – Gesamtdokumentation erstellen – Vorbereitung der Gesamtergebnispräsentation *Anmerkung: Der Wechsel von Arbeiten in den Projektgruppen und Besprechungen im Plenum kann mehrmals erforderlich werden, bis eine Gesamtdokumentation und eine Gesamtpräsentation als Projektergebnis erstellt ist.* Vorlage der Gesamtdokumentation Präsentation des Gesamtergebnisses	Diskussion – 5.8.2.2 Diskussion – 5.8.2.2 Präsentationsmedien, Präsentationsmethoden und -techniken – 5.11.5 Teamarbeit und Teammanagement – 5.7 Gesamtdokumentation – 5.10.2 Präsentationsmedien, Präsentationsmethoden und -techniken – 5.11.5 Gesamtdokumentation – 5.10.2 Präsentationsmedien, Präsentationsmethoden und -techniken – 5.11.5
Abschlussphase		

Projektreflexion 4.6	■ Reflexion über die Projektarbeit ■ Reflexion über die Zielerreichung – Vergleich mit der Projektinitiative, der Projektskizze und dem Projektplan ■ Erfahrungen mit den Gruppenarbeiten ■ Reflexion über die Ergebnispräsentationen ■ Reflexion durch Abgabe eines anonymen Fragebogens an den Projektleiter ■ Reflexion durch Diskussion über das Gesamtprojekt im Plenum ■ Feststellung und Durchführung möglicher Anschlussaktionen und Konsequenzen aus dem Projekt ■ Gemeinsame Entwicklung von Verbesserungsvorschlägen für die Durchführung zukünftiger Projekte	Planungs- und Problemlösungstechniken – 5.1 Entscheidungstechniken – 5.2 Metaplantechnik – 5.3 Mindmapping – 5.4 Informationsbeschaffung – 5.9 Informationsauswertung – 5.9 Diskussion – 5.8.2.2 Metaplantechnik – 5.3 Mindmapping – 5.4
Über alle Phasen hinweg erfolgt:		
Projektbewertung 4.7	Bewertung des Arbeitsprozesses Bewertung der Dokumentation Bewertung der Präsentation Bewertung des Kolloquiums Bewertung der Reflexion Die Bewertungen können in – Selbstbeurteilungen und/oder in – Fremdbeurteilungen erfolgen.	Projektbeurteilung – 6

Ein möglicher Projektablauf mit Zuordnung der erforderlichen Arbeitsmethoden und -techniken

974028

Ihr Projekt muss nicht zwangsläufig alle diese Phasen durchlaufen. Auch die einzelnen Arbeitsschritte, die den Phasen zugeordnet sind, können von Ihnen in anderer zeitlicher Abfolge durchlaufen werden oder aber ganz entfallen. Es kann auch erforderlich werden, dass man im Laufe eines Projekts zu einer vorherigen Phase wieder zurückkommen muss. Es kann auch sein, dass Ziele neu geklärt werden müssen oder eine neue Planung erforderlich ist.

HINWEIS/TIPP

Orientieren Sie sich am vorgestellten Projektphasenmodell, gestalten Sie aber den Ablauf Ihres Projekts individuell abgestimmt auf Ihre Rahmenbedingungen!

Auf der CD finden Sie im Ordner „Vorlagen" in der Datei „Projektablauf" einen Leitfaden zum Projektablauf. Diesen können Sie individuell auf Ihr Projekt abstimmen.

4.2 Informelle Phase – die Projektinitiative

Eine mögliche Begebenheit, die zum PROJEKTBEISPIEL **führen könnte:**

„Guten Morgen Herr Stoiber, gut, dass ich Sie treffe. Ich habe kürzlich in der NWZ – Göppingen gelesen, dass Sie Ihr Ausbildungssystem für Ihre Bankkaufleute neu konzipiert haben. Sie führen außerdem wohl recht erfolgreich eine Lernortkooperation mit der Kaufmännischen Schule Göppingen durch. Mir gefällt dieses moderne Ausbildungskonzept. Ich werde deshalb dem Ausbildungsleiter in meinem Betrieb einen Vorschlag machen, ob er unser Ausbildungssystem gemeinsam mit unseren Auszubildenden und den jungen Mitarbeitern optimieren könnte."

... eine erste Idee

Ein Projekt fällt nicht vom Himmel, sondern es entsteht meist aus diffusen Ideen, aus einem derartigen Gespräch oder einer zündenden Situation. Man hat mal was gesehen, gelesen oder gehört, das Unterbewusstsein arbeitet weiter und irgendwann entsteht der Wunsch zur Realisierung. Viele gute Ideen werden allerdings nicht verwirklicht, weil sie wieder vergessen werden.

... danach werden Ideengespräche geführt

Sie können sich in dieser Phase bereits mit Beteiligten austauschen und die Idee erörtern. Wichtig ist hierbei eine offene und wertfreie Atmosphäre. Sammeln Sie zunächst alle Vorschläge ohne jegliche Bewertung. Vermeiden Sie dabei Killerformulierungen wie z. B. „Daraus wird nie etwas" – „Ja, aber ..." – „Das haben wir schon versucht!" – „Das lässt sich bei uns nicht machen!" – „Das geht nicht, weil ...!" – „Die Praxis sieht anders aus!" – „Was ist das denn für eine blöde Idee?" Mit diesen Totschlagargumenten ersticken Sie jede Projektidee im Keim.

Projektideen können sowohl von den Projektleitern als auch von Ihnen als Projektteilnehmer eingebracht werden.

Die Ideen können Sie mithilfe einer Planungs- und Problemlösungstechnik (vgl. Kapitel 5.1), einer Entscheidungstechnik (vgl. Kapitel 5.2), der Metaplantechnik (vgl. Kapitel 5.3) oder des Mindmappings (vgl. Kapitel 5.4) suchen.

... dann kommt es zu einer ersten Voruntersuchung

Sie sammeln nun Informationen, um in der nächsten Phase besser über die Machbarkeit, die Realisation, die Wirtschaftlichkeit und das Risiko Ihrer Projektidee entscheiden zu können. Manchmal müssen Sie auch die Projektidee anderen Personen zur Entscheidung präsentieren. Vielleicht ist es auch erforderlich, dass Sie einen Projektantrag formulieren und begründen.

... auch das zur Verfügung stehende Budget ist wichtig

Oftmals hängt die Realisation eines Projekts von den Finanzierungsmitteln ab. Dies hat besonders bei Wirtschaftsprojekten eine Bedeutung. Doch auch bei Projekten in der Schule sowie in der Aus- und Weiterbildung müssen die zur Verfügung stehenden Finanzierungsmittel geklärt werden. So steht zur Durchführung des Projektbeispiels ein Budget von 3.000,00 € zur Verfügung.

... jetzt überlegen Sie, wer die Projektleitung übernimmt und wer die Projektbeteiligten sind

Sofern die Projektleitung noch nicht feststeht und der Projektleiter aus dem Kreis der Projektmitarbeiter bestimmt werden soll, müssen Sie nun erste Überlegungen anstellen, wer hierfür infrage kommt. Sie sollten auch bereits klären, wer zum Projektteam gehören könnte.

Am Ende dieser Phase steht die mehr oder weniger konkrete Projektidee. Die groben Konturen sind erkennbar. Die Idee ist nunmehr bereit zum Projekt zu werden.

4.3   Definitionsphase – die Projektskizze

... jetzt wird's konkreter

In dieser Projektphase setzen sich alle Projektbeteiligten mit der Projektidee auseinander. Ziel und Rahmenbedingungen werden geklärt und eine erste Grobplanung wird erstellt. Am Ende dieser Phase soll dann der Projektauftrag stehen. Bei vielen Projekten wird allerdings von der Projektleitung bereits ein kompletter Projektauftrag vorgegeben. Sollte dies der Fall sein, dann können Sie die Definitionsphase abkürzen.

... das Problem wird analysiert und Ziele werden formuliert

„Welches Problem soll mit dem Projekt bearbeitet werden?", „Was soll mit dem Projekt erreicht werden?" Diese Fragen sollten Sie in dieser Teilphase klären. Wenn Sie einen konkreten Projektauftrag erhalten, dann sind darin bereits die Projektaufgaben enthalten. Sie können diese dann als Ihre Projektziele formulieren.

Wenn Sie selbst Ihr eigener Projektauftraggeber sind, dann sollten Sie in dieser Phase ebenfalls die Projektziele klären, und zwar mit sich selbst bzw. mit den anderen Projektbeteiligten.

974030

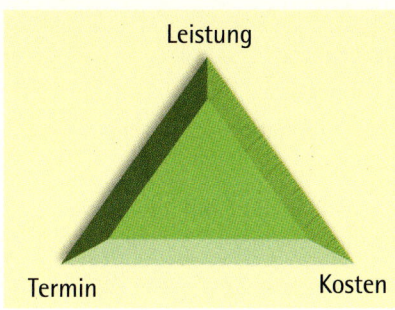

Magisches Dreieck der Projektziele

... was ist eigentlich ein Projektziel?

Das Hauptziel Ihres Projekts ist die Erfüllung der Projektaufgabe. Doch um dies zu erreichen, müssen Sie mehrere Teilziele formulieren, die Sie dann später auch erreichen sollten.

Die drei wichtigsten Ziele innerhalb Ihres Projekts lassen sich in einem **Magischen Dreieck** darstellen:

Das Magische Dreieck soll veranschaulichen, dass zwischen diesen drei Projektzielen ein unterschiedliches Maß an Zielverträglichkeit besteht – sie können auch in einem Zielkonflikt stehen. Halten Sie Ihre Ziele schriftlich fest, damit Sie am Ende des Projekts prüfen können, ob Sie diese auch erreicht haben.

... jetzt prüfen Sie die Durchführbarkeit Ihrer Projektidee

Nun sollten Sie abklären, ob Ihr Projekt eine Chance auf Erfolg hat. Nicht jede Projektidee muss auch zu einem Projekt führen – also nach dem Motto: „Nun haben wir das angefangen, jetzt ziehen wir das auch durch!" Das bedeutet jedoch nicht, dass Sie bei jeder auftretenden Schwierigkeit gleich aufgeben sollen. Suchen Sie mit kreativen Ideen nach Lösungen und Alternativen.

HINWEIS/TIPP

Sie sollten immer wieder die einzelnen Phasen Ihres Projekts anhand von Checklisten überprüfen. Darin stellen Sie sich selbst Fragen zum Projektablauf. Erst wenn diese geklärt sind, können Sie die nächste Phase bearbeiten.

Auf der CD finden Sie im Ordner „Checklisten" ein paar Beispiele. In der Datei „Zielformulierung" sind bereits ein paar Fragen vorgegeben, die Sie individuell abändern oder ergänzen können. In der Datei „Checkliste-blanko" finden Sie ein Formblatt, in dem Sie Ihre individuelle Checkliste für jede mögliche Phase Ihres Projekts erstellen können.

... nun sollten die Projektbeteiligten bestimmt werden

Sofern die Projektleitung und das Projektteam nicht von vornherein bestimmt sind, sollten sie in dieser Phase bestimmt werden. Das gibt Sicherheiten über Ansprechpartner und Kompetenzen. Sorgen Sie dafür, dass alle Projektbeteiligten von ihrer Zugehörigkeit zum Projekt informiert werden.

... in einem „Kick-Off-Meeting" werden Projektbeteiligte informiert und lernen sich kennen

Ein „Kick-Off-Meeting" ist die erste offizielle Sitzung Ihres Projektteams. In ihr werden die Projektbeteiligten informiert und für das bevorstehende Projekt motiviert. Das Projektteam entsteht. Während des Meetings lernen sich die Teilnehmer kennen und werden über Projektinhalte und Projektziele informiert. Im Projekt-Kick-Off wird noch nicht inhaltlich am Projekt gearbeitet.

Die Ziele eines „Kick-Off-Meetings" im Überblick:

- Teammitglieder stellen sich vor und lernen sich kennen.
- Die Rollen der jeweiligen Teammitglieder werden geklärt.
- Für alle Projektbeteiligten wird ein gemeinsamer Informationsstand hergestellt.
- Die Spielregeln der Zusammenarbeit werden festgelegt.

Nun steht am Ende der Definitionsphase der Projektauftrag mit den Zielen und Rahmenbedingungen fest – die Projektplanung kann beginnen!

Auf der CD finden Sie im Ordner „Vorlagen" in der Datei „Projektauftrag" einen Vordruck, der Ihnen die Formulierung eines Projektauftrags erleichtert.

HINWEIS/TIPP

Als Arbeitsmethoden und -techniken eignen sich hierfür besonders die Planungs- und Problemlösungstechniken (vgl. Kapitel 5.1), die Entscheidungstechniken (vgl. Kapitel 5.2), die Metaplantechnik (vgl. Kapitel 5.3) und das Mindmapping (vgl. Kapitel 5.4).

4.4 Planungsphase

4.4.1 Warum müssen Sie planen?

In der Planungsphase wird die Grundlage zur erfolgreichen Realisierung Ihres Projektes gelegt. Es kann vorkommen, dass Sie noch einmal zur Zielfindung, also in die Definitionsphase zurück müssen. Am Ende der Planungsphase muss der Projektplan stehen. Das Vorgehen in der Planungsphase hängt von der Art des Projekts ab. Werden Projektaufträge von den Projektauftraggebern bzw. -leitern konkret für zwei bis drei Personen vorgegeben, kann die Planung einfacher durchgeführt werden als bei offenen Themenstellungen, z. B. für eine ganze Schulklasse.

4.4.2 Welche Dinge müssen Sie in dieser Phase planen?

Damit Sie Ihr Projekt erfolgreich realisieren können, müssen Sie in dieser Phase folgende Elemente bzw. Bereiche Ihres Projekts planen:

- Die Teilthemen bzw. Teilaufträge des Projektthemas,
- die Tätigkeiten bzw. Aktivitäten zur Erledigung der Teilaufträge,
- die Reihenfolge der Aktivitäten,
- die Verantwortlichkeiten für die jeweiligen Aktivitäten,
- das zu erstellende Produkt im Rahmen des Projekts,
- die zur Verfügung stehenden Kapazitäten,
- den zeitlichen Ablauf der Aktivitäten,
- die Kosten.

Eine Projektplanung ist wichtig.

4.4.3   Planung der Teilaufträge

Eine so genannte **Makroplanung** ist bei Projekten erforderlich, bei denen eine größere Gruppe (Schulklasse, Ausbildungsjahrgang) ein komplexes Projektthema bearbeitet. Das Projektthema muss zunächst von allen Beteiligten im Plenum in Teilaufträge zerlegt und genau beschrieben werden. Diese konkretisierten Teilaufträge werden von den jeweiligen Projektteams bearbeitet. Die anschließende Zusammenfassung ergibt dann das Ergebnis des Gesamtprojekts.

... geschlossene Projektthemen werden geplant

Bei **geschlossenen Projektthemen** ergeben sich die Themenstellungen für die Teilaufträge zwangsläufig. Doch auch sie müssen zunächst von allen Beteiligten festgelegt werden, damit sie durch die einzelnen Projektteams bearbeitet werden können. Ansonsten ist auch eine Erschließung des geschlossenen Projektthemas nicht möglich. Alle Projektteilnehmer tragen mit ihren jeweiligen Teilaufgaben zum Gesamterfolg des Projekts bei.

BEISPIEL

Das Projektbeispiel „Konzeption eines modernen Aus- und Weiterbildungssystems" ist ein geschlossenes Projektthema, das von einer größeren Teilnehmerzahl in einzelnen Projektteams bearbeitet wird.

Weitere Beispiele für geschlossene Themenstellungen:

- Planung und Durchführung eines Jahresausflugs für alle Beschäftigten Ihres Unternehmens.
- Planung eines verkaufsoffenen Sonntags in Ihrem Unternehmen.
- Gestaltung des ersten Arbeitstags eines neuen Mitarbeiters in Ihrem Unternehmen.

Sie erkennen bei diesen Themen deutlich: Die Themen gelten deshalb als geschlossen, weil am Ende der Projektarbeit ganz konkrete Ergebnisse vorliegen müssen. Sie sind die Vorgaben für die Teilaufträge, die darauf auszurichten sind. Meist werden die Projektthemen vom Projektverantwortlichen durch bestimmte Projektaufgaben und -ziele konkretisiert.

Wie die Teilaufträge konkretisiert und formuliert werden, ergibt sich aus der Diskussion im Plenum (vgl. Kapitel 5.8.2.2).

... offene Projektthemen werden geplant

Eine **offene Themenstellung** ist dadurch gekennzeichnet, dass das jeweilige Thema ein sehr großes Spektrum an Betrachtungsmöglichkeiten offen lässt. Die Themensteller überlassen es den Projektbeteiligten (Plenum), welche Schwerpunkte sie in ihrer Projektarbeit setzen möchten. Wie werden aber jetzt die Teilaufträge für die jeweiligen Projektteams konkretisiert?

Als Projektbeteiligter haben Sie die Möglichkeit, auf die Beschreibung der Teilaufträge einzuwirken. Die Interessen aller Teilnehmer an dem offenen Projektthema können sehr gut mithilfe der Metaplantechnik erfragt werden. Jeder Teilnehmer schreibt seine Themeninteressen auf Metaplankarten. Diese werden an der Pinnwand in Clustern zusammengefasst und daraus dann die Teilaufträge formuliert.

Befassen Sie sich mit der Metaplantechnik (vgl. Kapitel 5.3). Sie ist eine wichtige Arbeitstechnik für die Durchführung von Projekten.

Beispiele für offene Themenstellungen bei Projekten:

- Arbeit
- Armut
- Globalisierung

Sie erkennen, dass es auch für eine größere Projektgruppe wie eine Schulklasse oder einen ganzen Ausbildungsjahrgang unmöglich ist, eines dieser Themen umfassend und vollständig in einem Projekt zu bearbeiten. Deshalb müssen sich die Projektbeteiligten in der beschriebenen Weise auf Unterthemen einigen, aus denen sich dann die entsprechenden Teilaufträge ergeben.

Beim Thema Arbeit könnten sich aus dem Plenum z. B. folgende Teilthemen und damit Teilaufträge herausbilden:

- Arbeitslosigkeit
- Sicherung und Schaffung von Arbeitsplätzen
- Wandel der Arbeit
- Ehrenamtliche Arbeit

Die Einteilung der Projektgruppen erfolgt, indem sich die Mitglieder des Plenums nach ihren Neigungen ein Teilthema wählen. Beim Einsatz der Metaplantechnik tragen sie sich an der Pinnwand bei einem Teilthema ein. Um eine gleichmäßige Gruppenstärke zu erreichen, kann ein regulierendes Eingreifen des Projektleiters notwendig werden.

Zur Projektplanung gehören auch die Planung und Organisation Ihrer Projektgruppe. Mit dieser so genannten Mikroplanung beginnen die Teamarbeit und das Teammanagement. Sie sollten Aufgaben innerhalb der Projektgruppe verteilen, einen Gruppensprecher bestimmen und eine Zeitplanung für Ihre Arbeitsgruppe erstellen.

Hinweise für die Teamarbeit und das Teammanagement finden Sie im Kapitel 5.7. Auf Fragen zum Zeitmanagement wird im Kapitel 5.5 eingegangen.

4.4.4 Produktplanung

Sie müssen auch im Plenum gemeinsam das Produkt Ihres Projekts planen, d. h., in welcher Form das Ergebnis des Projekts dargestellt und dokumentiert werden soll. Dieses Projektergebnis kann sowohl institutionell als auch von den Projektleitern vorgegeben werden.

Das Projektprodukt in Form einer schriftlichen Dokumentation wird institutionell vorgegeben z. B.:

- Beim eigenständigen Fach Projektkompetenz im Rahmen der Ausbildung zum Industriekaufmann.

■ Beim eigenständigen Fach Projektmanagement im Rahmen der beruflichen Weiterbildung zum Betriebswirt (IHK).

Es ist auch möglich, dass sich das Projektprodukt sachlogisch aus dem Projektthema ergibt, wie z. B. beim „Erstellen eines Werbefilms über die Aus- und Weiterbildung in Ihrem Unternehmen". Bestehen keine Vorgaben, kann sich das Plenum im Rahmen der Projektplanung auf eine selbst gewählte Produktart festlegen.

Über das häufigste Projektprodukt, die Dokumentation, können Sie sich im Kapitel 5.10 informieren.

4.4.5 Welche Tätigkeiten müssen von wem durchgeführt werden?

Nachdem Sie die Teilthemen bzw. Teilaufträge zu Ihrem Projekt festgelegt haben, müssen Sie diese in eine Struktur bringen. Diese Struktur soll zunächst die Hauptabschnitte Ihres Projekts darstellen. Eine sinnvolle Anordnung der Teilthemen kann bereits jetzt schon nach dem groben zeitlichen Ablauf erfolgen, wobei die genaue Terminierung erst in einem nächsten Schritt erfolgt. Der daraus erstellte Stufenplan zeigt Ihnen anschaulich die grobe Einteilung Ihres Projekts. Das Medium, mit dem Sie den **Stufenplan** darstellen wollen, bleibt Ihnen selbst überlassen (vgl. Kapitel 5.11.5).

Ausschnitt aus einem **Stufenplan** zum Projektbeispiel „Konzeption eines modernen Aus- und Weiterbildungssystems":

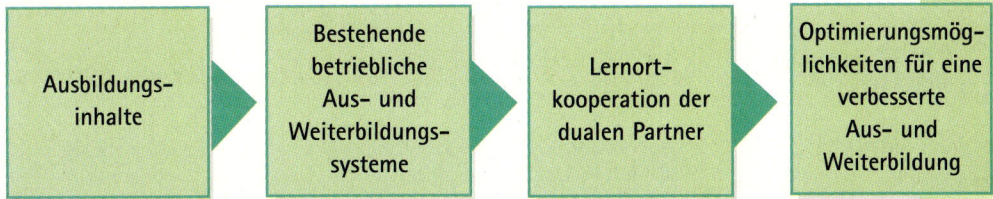

Beispiel eines Stufenplans zum Projektbeispiel

Nachdem Sie den Stufenplan erstellt haben, sollten Sie im Plenum bzw. in Ihrem Projektteam die Aktivitäten oder Arbeitspakete sammeln, die zur Bearbeitung der jeweiligen Teilthemen erforderlich sind. Dies können Sie mit einer Kartenabfrage (vgl. Kapitel 5.3) oder mit einer ausgewählten Planungs- und Problemlösungstechnik (vgl. Kapitel 5.1) durchführen. Bereits an dieser Stelle können Sie festlegen, welche Personen für die Erledigung der Arbeitspakete zuständig und verantwortlich sind. Das Ergebnis ist dann ein **Projektstrukturplan**. Bei seiner Einteilung können Sie sich am Stufenplan orientieren.

... doch was versteht man eigentlich unter einem Projektstrukturplan?

Der Projektstrukturplan ist ein Planungsdokument, bei dem das Projekt in einzelne Teilaufträge und Arbeitspakete zerlegt wird. Er zeigt die Beziehungen zwischen den einzelnen Elementen eines Projekts auf und strukturiert diese nach verschiedenen Bedingungen.

Wie ein einfacher Projektstrukturplan aussehen kann, zeigt Ihnen der folgende Ausschnitt zum Projektbeispiel „Konzeption eines modernen Aus- und Weiterbildungssystems":

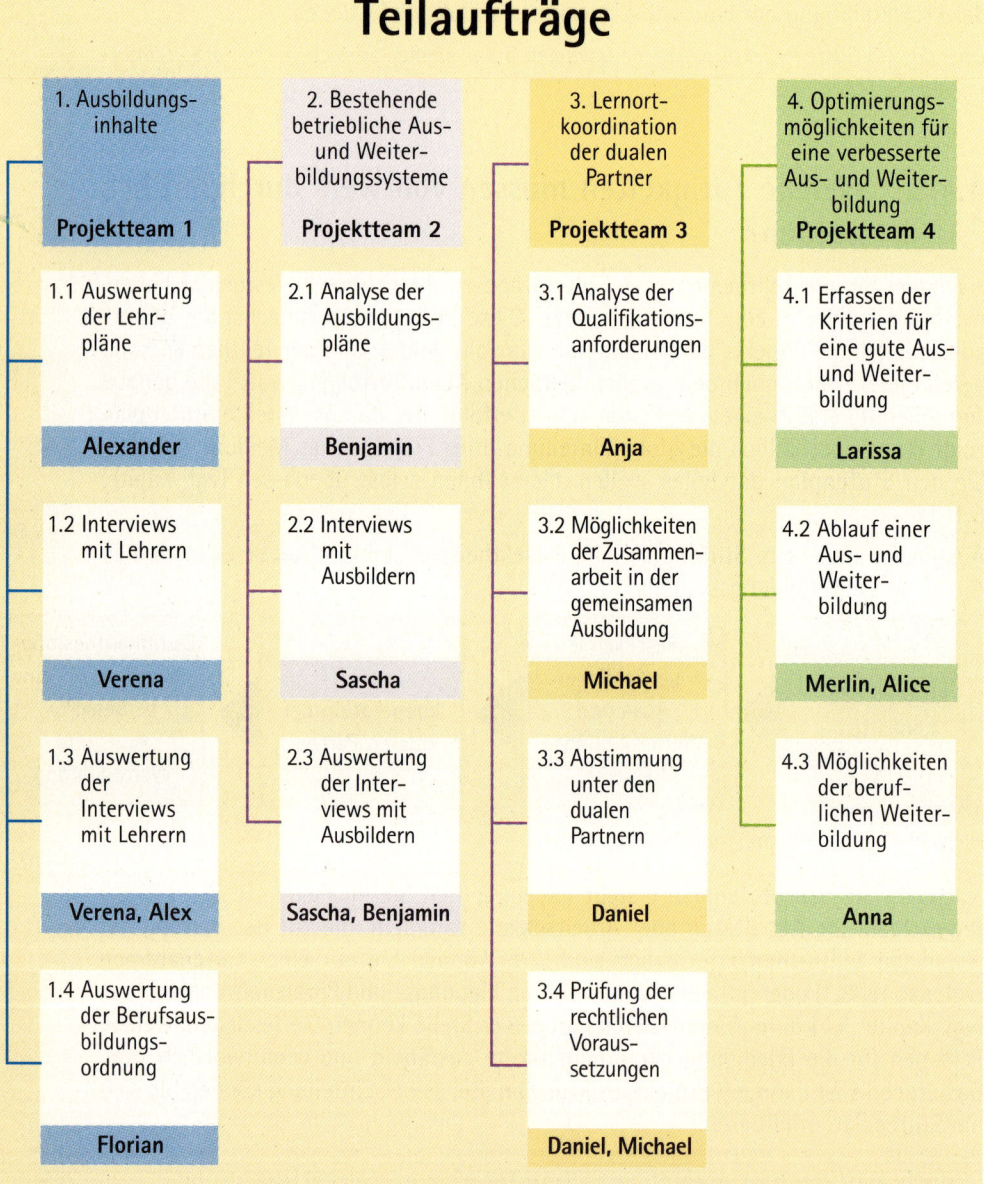

Teilaufträge

1. Ausbildungs-inhalte	2. Bestehende betriebliche Aus- und Weiter-bildungssysteme	3. Lernort-koordination der dualen Partner	4. Optimierungs-möglichkeiten für eine verbesserte Aus- und Weiter-bildung
Projektteam 1	**Projektteam 2**	**Projektteam 3**	**Projektteam 4**
1.1 Auswertung der Lehr-pläne	2.1 Analyse der Ausbildungs-pläne	3.1 Analyse der Qualifikations-anforderungen	4.1 Erfassen der Kriterien für eine gute Aus- und Weiter-bildung
Alexander	**Benjamin**	**Anja**	**Larissa**
1.2 Interviews mit Lehrern	2.2 Interviews mit Ausbildern	3.2 Möglichkeiten der Zusammen-arbeit in der gemeinsamen Ausbildung	4.2 Ablauf einer Aus- und Weiter-bildung
Verena	**Sascha**	**Michael**	**Merlin, Alice**
1.3 Auswertung der Interviews mit Lehrern	2.3 Auswertung der Inter-views mit Ausbildern	3.3 Abstimmung unter den dualen Partnern	4.3 Möglichkeiten der beruf-lichen Weiter-bildung
Verena, Alex	**Sascha, Benjamin**	**Daniel**	**Anna**
1.4 Auswertung der Berufsaus-bildungs-ordnung		3.4 Prüfung der rechtlichen Voraus-setzungen	
Florian		**Daniel, Michael**	

Aktivitäten/Arbeitspakete

Teil eines Projektstrukturplans – Vorschlag zum Projektbeispiel

Diesen Projektstrukturplan finden Sie auf der CD im Ordner „Vorlagen" in der Datei „Projektstrukturplan". Das Beispiel können Sie an Ihr individuelles Projekt anpassen. Hierzu kann Ihnen auch der nicht ausgefüllte Projektstrukturplan in der Datei „Projektstrukturplan-blanko" dienen.

4.4.6 Planung des Projektablaufs

Nachdem Sie einen Strukturplan erstellt haben, sollten Sie die Reihenfolge der Aktivitäten planen. Daraus ergibt sich der Ablauf Ihres Projekts, den Sie in einem Projektablaufplan darstellen können.

Die Abfolge der Aktivitäten bestimmt sich danach, ob sie voneinander unabhängig sind oder sachlogisch aufeinander aufbauen. Die voneinander unabhängigen Aktivitäten können Sie in Ihrem Projektteam zeitlich parallel bearbeiten. So wäre z. B. die Bearbeitung des Arbeitspakets „Interviews mit Lehrern" gleichzeitig mit dem Teilauftrag „Interviews mit Ausbildern" möglich. Beide Teilaufträge müssen aber zu einem vorher festgelegten Fixtermin erledigt sein (vgl. Kapitel 4.4.7). Das Arbeitspaket „Auswertung der Interviews mit Lehrern bzw. Ausbildern" kann jedoch erst bearbeitet werden, wenn die hierfür notwendigen Informationen vorliegen.

Projektablaufpläne ohne zeitliche Terminierung können Sie in vielfältiger Weise darstellen. Es eignen sich besonders Metaplanwände oder Flip-Charts – aber je nach den Rahmenbedingungen sind auch andere Medien möglich (vgl. Kapitel 5.11.5).

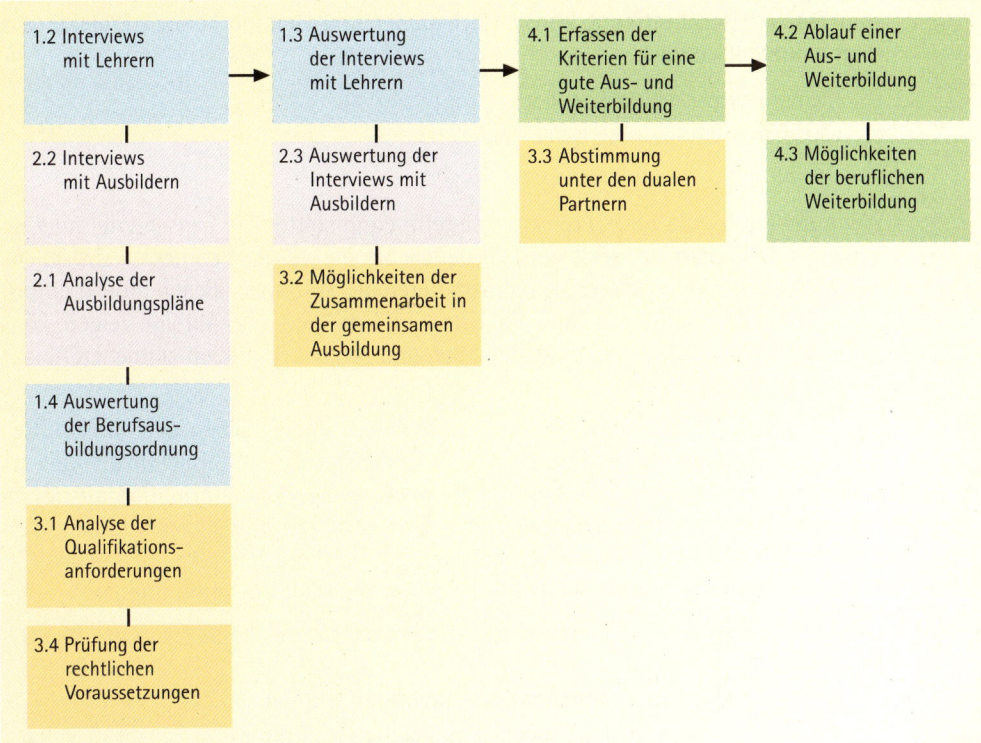

Ausschnitt aus einem Projektablaufplan – Vorschlag zum Projektbeispiel

Diesen Projektablaufplan finden Sie auf der CD im Ordner „Vorlagen" in der Datei „Projektablaufplan". Das Beispiel können Sie an Ihr individuelles Projekt anpassen.

HINWEISE/TIPPS

- Mit dem Projektablaufplan ist nur die Abfolge der Aktivitäten bzw. der Arbeitspakete Ihres Projekts bestimmt, nicht jedoch deren genaue Terminierung – darauf wird beim Thema „Zeitmanagement" im Kapitel 5.5 näher eingegangen.

- Sie sollten möglichst einfach und anschaulich planen, damit jeder Projektbeteiligte Ihre Planung nachvollziehen kann – auch die Planung muss effizient und ökonomisch sein.

- Wenn Sie wollen, können Sie die Planung auch mit einer hierfür speziellen Software an Ihrem PC vornehmen.

4.4.7 Planung des zeitlichen Ablaufs

Nach dem Erstellen des Projektablaufplans ist eine Zeitplanung für das Gesamtprojekt erforderlich. Der gesamte Projektzeitraum ergibt sich aus den Rahmenbedingungen und wird vor Beginn des Projekts, meist vom Projektauftraggeber bzw. vom Projektleiter, bestimmt. Hinsichtlich Dauer und Umfang können Projekte wie folgt eingeteilt werden:

- Kleinprojekte – mehrere Stunden
- Mittelprojekte – ein bis zwei Tage
- Großprojekte – mindestens eine Woche

Wenn der Endtermin eines Projekts feststeht, dann sollten Sie Zwischentermine, so genannte **Meilensteine**, festlegen, zu denen Sie die vorher definierten Zwischenergebnisse erreichen müssen. Sie repräsentieren die Stationen, die ein Projekt durchläuft. Wenn die Teilthemen Ihres Projekts eine klare zeitliche Abfolge zeigen, können diese ebenfalls Meilensteine darstellen und somit den groben zeitlichen Ablauf Ihres Projekts bestimmen.

Diese **Fixpunkte** helfen den Überblick zu behalten und erlauben eine bessere Gesamtbeurteilung des Projektablaufs. Die Projektteilnehmer informieren sich gegenseitig über die Tätigkeiten der anderen Gruppen. Neben dem Informationsaustausch zwischen den Arbeitsgruppen ist auch eine Diskussion und eine Lösung von Problemen möglich. Daraus können sich weitere Projektentscheidungen ergeben. Ein erreichter Meilenstein kann weitere Motivation für alle Beteiligten bringen.

Zunächst sollten Sie im Plenum eine ganz konkrete zeitliche Planung der Meilensteine ihres Projekts vornehmen. Zur einfachen Planung bietet sich der Zeitstrahl an, auf dem die Fixpunkte kalendermäßig eingetragen werden.

Das folgende Beispiel ist stark verkürzt dargestellt, um die Anschaulichkeit zu verbessern.

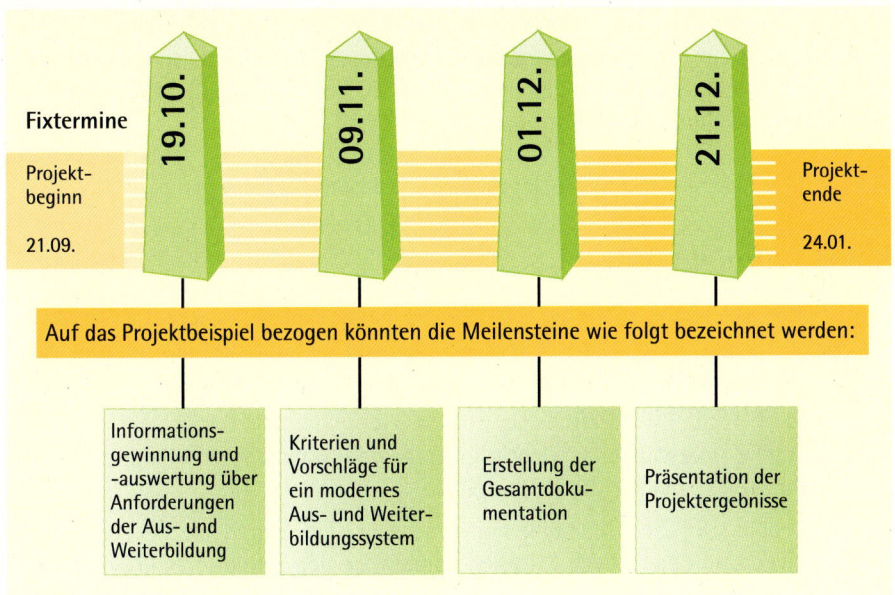

Terminliche Fixpunkte, so genannte Meilensteine, werden im Projektablauf gesetzt.

Zur genauen terminlichen Planung der einzelnen Aktivitäten des Projekts stehen Ihnen verschiedene Techniken des Zeitmanagements zur Verfügung, über die Sie sich im Kapitel 5.5 informieren können.

4.4.8 Kostenplanung

Zu einer guten Projektplanung gehört auch, dass Sie ein Budget bzw. ein Kostenziel festlegen. Dies hat bei Wirtschaftsprojekten eine größere Bedeutung als bei Projekten in der Aus- und Weiterbildung. Doch auch bei Schulungsprojekten sollten Sie sich über den Ihnen zur Verfügung stehenden Kostenrahmen im Klaren sein.

Sie werden zu Recht einwenden, dass Sie ja keine Personalkosten, keine Raumkosten, keine Abschreibungen u. a. haben. Doch bedenken Sie: Auch die Durchführung von Non-Profit-Projekten in der Aus- und Weiterbildung verursacht Kosten für z. B.:

- Schreibmaterial
- CDs
- EDV-Software
- Porto
- Fahrten
- Bilder
- Kopien
- Binden der Dokumentation

Eine Planung dieser Kosten ist gerade bei Schulungsprojekten besonders wichtig, da die Kosten oft nicht übernommen werden, sodass sie von den Projektteilnehmern selbst aufgebracht werden müssen.

In dieser Hinsicht haben es die virtuellen Teilnehmer am Projektbeispiel etwas besser, denn ihnen werden von der Firma PNEUMO insgesamt 3.000,00 € für das Projekt zur Verfügung gestellt.

Über die Kostenplanung können Sie sich im Kapitel 5.6 näher informieren.

4.4.9   Projektplan

Den Projektplan können Sie natürlich immer noch verfeinern oder an veränderte Rahmenbedingungen anpassen. Überprüfen Sie nun Ihren Projektplan und analysieren Sie die darin enthaltenen Zielformulierungen, ob sie S M A R T sind und die folgenden Kriterien aufweisen:

S-Specific: Die Ziele müssen eindeutig (operational) formuliert sein – nur dann können Sie Ihr Projekt zielorientiert bearbeiten.

M-Measurable: Die Zielerreichung muss messbar sein. Durch die Festlegung von quantitativen und qualitativen Kriterien können Sie den Erfolg Ihres Projekts überprüfen.

A-Attainable: Die Ziele im Projektplan müssen erreichbar sein. Sie sollten die Planungen hinsichtlich ihrer Realisierbarkeit überprüfen.

R-Realistic: Die gesetzten Ziele müssen auch wirklichkeitsnah sein. Die Projektziele sollten sich an den Rahmenbedingungen Ihres Projekts orientieren.

T-Time bound: Die Ziele müssen an genaue Zeitvorgaben gebunden sein. Sie müssen für Ihre Projektziele zeitliche Zielmarken, so genannte Fixpunkte in Form von Zwischen- und Endterminen, festlegen.

aus: In Anlehnung an Ott, Bernd (2000): Grundlagen des beruflichen Lehrens und Lernens, S. 151

Wenn Sie Ihren Projektplan nach diesen Kriterien aufgestellt haben, dann können Sie mit der Realisationsphase beginnen.

Auf der CD finden Sie im Ordner „Checklisten" die Datei „Arbeitsorganisation". Anhand der darin enthaltenen Prüffragen können Sie Ihre Projektplanung überprüfen. Zur individuellen Erstellung Ihrer eigenen Checklisten kann Ihnen eine „Checkliste-blanko" im Ordner „Checklisten" dienen.

4.5   Realisationsphase

In dieser wichtigen Phase wird das Geplante umgesetzt. Bedenken Sie, dass das Projekt nicht von selbst abläuft. Sie müssen Ergebnisse überprüfen, Arbeiten steuern und Dinge korrigieren. Es kann sich sogar ergeben, dass Sie die Projektziele neu definieren müssen. Häufig ist eine Neu- und Umplanung erforderlich. Aus diesen Gründen wechselt sich das Arbeiten in den jeweiligen Projektgruppen mit dem Austausch der Gruppenergebnisse untereinander und den Besprechungen im Plenum ab. Hierfür gibt es keinen einheitlich vorgeschriebenen Ablauf. Er ergibt sich aus der Zeitplanung des Gesamtprojekts mit den im Plenum bestimmten „geplanten Fixpunkten".

... Teilaufgaben durchführen und Meilensteine erreichen

Sie bearbeiten nun in Ihrer Projektgruppe den Teilauftrag bzw. das Unterthema entsprechend Ihrer Projektplanung. Bis zu den Fixterminen können Sie in Ihrer Projektgruppe selbstverantwortlich mit Ihrer Arbeitszeit umgehen.

HINWEIS/TIPP

Beachten Sie unbedingt die Zeitplanung.

Beginnen Sie rechtzeitig mit der Bearbeitung Ihrer Aufgaben, um termingerecht fertig zu werden.

Ein zentrales Arbeitsgebiet ist die Informationsgewinnung und -auswertung. Hierfür stehen Ihnen viele Möglichkeiten zur Verfügung, die im Rahmen der Arbeitsmethoden und -techniken näher beschrieben werden.

Im Kapitel 5.9.2 finden Sie Hinweise zur Informationsbeschaffung und im Kapitel 5.9.3 zur Informationsauswertung.

Sie müssen die Gruppenergebnisse in der geplanten Art dokumentieren und an den Fixterminen den anderen Gruppen präsentieren. Hier können Sie die ersten Schritte einer Präsentation üben.

Sie können sich im Kapitel 5.11 über die Präsentationstechniken informieren.

Natürlich erwartet niemand von Ihnen, dass die ersten Präsentationen perfekt sind. Sie bieten Ihnen jedoch eine gute Möglichkeit, sich mit diesen Arbeitstechniken auseinander zu setzen und sie zu trainieren.

... Planungen aktualisieren und den weiteren Ablauf steuern

Nun sind alle Mitglieder des Plenums von den bisherigen Gruppenarbeiten informiert und können darüber diskutieren. Sie sollten prüfen, ob die bisher erzielten Gruppenergebnisse auch zum Gesamtprojekt passen oder ob diese nicht zielorientiert sind. Auch sollten die jeweiligen Gruppenergebnisse inhaltlich abgestimmt und auf Verknüpfungen geachtet werden. Das Ziel ist das Gesamtprojekt und keine separate Einzelleistung einer Arbeitsgruppe. Achten Sie deshalb unbedingt darauf, dass immer wieder Abstimmungen zwischen den Arbeitsgruppen erfolgen. Auch das angestrebte Projektprodukt, wie z. B. die Gesamtdokumentation und auch die Gesamtpräsentation, sind in dieser Weise abzustimmen.

Vor einer Zusammenführung der Gruppenergebnisse im Plenum können mehrere Überarbeitungen in den jeweiligen Projektgruppen notwendig werden. Je nachdem, wie umfangreich das Projekt ist, umso öfter kann ein Wechsel von Gruppenarbeiten und Besprechungen im Plenum notwendig werden. Dies soll die Grafik auf der folgenden Seite verdeutlichen.

HINWEIS/TIPP

Sollte Ihr Gesamtprojekt nur von zwei bis drei Personen bearbeitet werden, dann werden die beschriebenen Schritte in der Realisationsphase abgekürzt. Die Kommunikation im Plenum entfällt, aber kurze Präsentationen der Teilergebnisse vor der Projektleitung an Fixterminen sind meistens erforderlich.

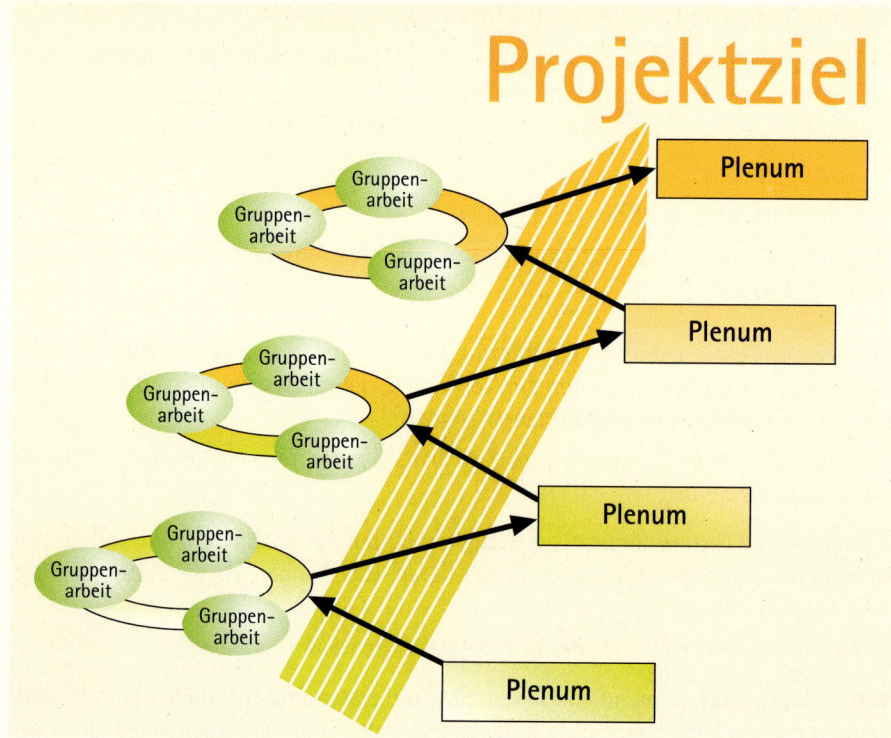

Der Weg zum Projektziel

... das Projektziel ist erreicht

Das endgültige Projektprodukt wird in der vorgeschriebenen Form und in der erforderlichen Anzahl dem Projektleiter termingerecht vorgelegt. Es ist das Projektziel und repräsentiert das Ergebnis der gesamten Projektarbeit. Deshalb sollten Sie gemeinsam mit den anderen Projektmitgliedern ganz besonders auf die Abgabe einer sauberen Leistung achten. Der formelle Abschluss Ihres Projekts ist die Abnahme bzw. Beurteilung durch die Projektauftraggeber.

Beachten Sie hierzu nochmals die Hinweise zu den Dokumentationsformen im Kapitel 5.10.

4.6   Projektreflexion

In dieser Phase wird das Projekt formell beendet. Der Abschluss eines Projektes wird häufig mit einer gemeinsamen Abschlusssitzung gewürdigt. Hier reflektieren die Projektteilnehmer über die gesamte Projektarbeit, insbesondere, ob die ursprünglichen Plangrößen mit dem Projektergebnis übereinstimmen. Der Vergleich von Ist- und Plangrößen bezieht sich sowohl auf das Produkt als auch die Umsetzung der notwendigen Arbeitsmethoden und -techniken.

Auf der CD im Ordner „Vorlagen" befindet sich in der Datei „Fragebogen – Beobachtung bei der Gruppenarbeit" ein Fragebogen zur Beobachtung bei der Gruppenarbeit, den Sie in dieser oder veränderter Form für Ihre Reflexion nutzen können.

974042

In einer solchen Abschlussbesprechung wird Feedback in Form von Lob und Anerkennung, aber auch Kritik von den Projektbeteiligten, vom Projektleiter und möglicherweise auch von Externen gegeben. Kernfragen können hierbei sein: „Was ist gut gelaufen?", „Was könnten Sie wie verbessern?", „Worauf werden Sie das nächste Mal achten?".

Über Feedback können Sie sich im Kapitel 5.8.2.3 ausführlich informieren.

Die Projektreflexion kann auch schriftlich erfolgen. Dies ist in freier Form, mithilfe der Metaplan-Technik oder mit Fragebogen möglich. Gerade die Datenerhebung mit Fragebogen und deren Auswertung erlaubt eine grafische, anschauliche Darstellung der reflektierten Meinungen zur abgelaufenen Projektarbeit.

Die Techniken der Informationsbeschaffung und Informationsauswertung können Sie in den Kapiteln 5.9.2 und 5.9.3 nachschlagen.

Die Reflexion über die Projektarbeit kann zu möglichen Anschlussaktionen führen, wie z. B. Präsentationen der Projektergebnisse in anderen Schulklassen, in Weiterbildungskursen, in befreundeten Unternehmen oder bei anderen interessierten Institutionen. Auch ist eine Veröffentlichung in der Tagespresse oder in einer Fachzeitschrift möglich. Auf der Grundlage der Reflexion können Sie Verbesserungsvorschläge aufnehmen und diese bei zukünftigen Projekten berücksichtigen. Hatten Sie z. B. Probleme mit der selbstverantwortlichen Zeitplanung, d. h., schoben Sie Ihre Projektarbeiten immer bis zum Schluss auf oder gaben diese nicht pünktlich ab, dann werden Sie aufgrund dieser Erfahrung künftig ein strengeres Zeitmanagement betreiben. Wichtig ist für Sie, dass Sie Ihre **Projektkompetenz** über die Reflexion und die Erfahrungen in weiteren Projektarbeiten verbessern können. Dieser schrittweise Kompetenzerwerb wird beispielsweise im Rahmenlehrplan Industriekaufmann-/Industriekauffrau mit einem einführenden Projekt in der Grundstufe und weiterführenden Projekten in der Fachstufe berücksichtigt. Diesen Weg zur Erlangung von **Projektkompetenz** soll die folgende Abbildung verdeutlichen.

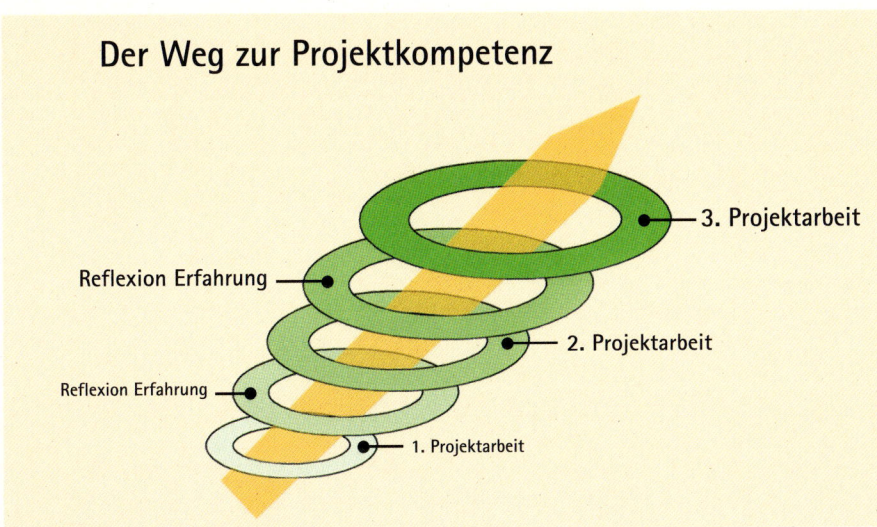

Der Weg zur Projektkompetenz

4.7　Projektbewertung

Verschiedene Bereiche Ihrer Projektarbeit werden über die gesamte Projektdauer hinweg bewertet und in Punkten bzw. Noten ausgedrückt. Hierbei sind unterschiedliche Verfahren möglich. Da die Summe aller Bewertungen Ihre Projektnote ergibt, ist es für Sie besonders wichtig, dass Sie sich über die Möglichkeiten der Projektbewertung informieren. Dadurch verstehen Sie die Bewertungsspielregeln der Projektauftraggeber bzw. der Projektleitung und können evtl. diese als Projektmitglied selbst mitgestalten.

 Sie können sich im Kapitel 6 über die Bewertung und Beurteilung von Projekten informieren.

5 Arbeitsmethoden und -techniken für die Projektarbeit

Sie haben bereits beim Ablaufschema von Projekten festgestellt, dass zur Durchführung eines Projekts vielfältige Lernstrategien und Arbeitstechniken erforderlich sind.

Diese werden im Folgenden so dargestellt, dass sie von Ihnen ohne weiteres in Ihrem Projekt angewandt werden können.

Sollten Sie sich darüber hinaus näher für den einen oder anderen Themenbereich interessieren, dann finden Sie hierfür am Ende des Buchs im Kapitel 8 weiterführende Literatur, die nach Themengebieten geordnet ist.

5.1 Planungs- und Problemlösungstechniken

5.1.1 Brainstorming

Beim Brainstorming werden die Geistesblitze aller Teilnehmer erfasst. Diese äußern spontan ihre Ideen zu einer vorgegebenen Problemstellung, wie z. B. das Finden eines Themas für die Projektarbeit. Dabei können sich die Teilnehmer am Brainstorming durch ihre Beiträge gegenseitig zu neuen Ideen anregen. Durch diese kreative Methode der Ideenfindung werden in der Regel bessere Ergebnisse erzielt als durch Einzelarbeiten.

Um kreative Gedanken entwickeln zu können, sollten Sie dazu beitragen, dass ein angstfreies und entspanntes Arbeitsumfeld geschaffen wird.

In der Projektphase der Projektinitiative (vgl. Kapitel 4.2) wird das Brainstorming meist vom Projektauftraggeber bzw. vom Projektleiter durchgeführt. Er wird Ihnen als Teilnehmer am Projekt die Regeln und den Ablauf für das Brainstorming bekannt geben.

REGELN für das Brainstorming:

- Jede Idee ist willkommen.
- Jeder darf Ideen der anderen Teilnehmer aufgreifen und für eigene Gedankenansätze verwenden.
- Je mehr Ideen, desto besser.
- Die vorgebrachten Ideen dürfen nicht kritisiert und bewertet werden.
- Alle Ideen stehen gleichberechtigt nebeneinander.
- Für eine entspannte Arbeitsatmosphäre sorgen.

Wie können nun die gefundenen Ideen festgehalten werden?

REGELN

Die vorgebrachten Ideen können in unterschiedlicher Weise festgehalten werden:

- Die Ideen werden dem Sitzungsleiter zugerufen und von ihm an der Tafel oder der Pinnwand festgehalten.

- Die Teilnehmer schreiben ihre Ideen auf Metaplankarten, die dann an die Pinnwand geheftet werden (vgl. Metaplantechnik im Kapitel 5.3).

5.1.2 Brainwriting

Beim Brainwriting werden die Ideen der Teilnehmer unter besonderen Spielregeln schriftlich festgehalten. Das Brainwriting wird auch als „6-3-5-Methode" bezeichnet. Darin sind die Spielbedingungen enthalten:

BEISPIEL

Sechs Teilnehmer schreiben in drei vorgegebene Problemlösungsfelder je eine Idee. Hierfür haben sie fünf Minuten Zeit. Jeder Teilnehmer erhält ein A4-Blatt, das so eingeteilt ist wie das nachstehende Formular und den Ablauf des Brainwritings enthält. Nachdem die Problemstellung aufgeschrieben ist, trägt jeder Beteiligte in die obersten drei waagerechten Felder eine Idee zur Lösung des Problems ein. Wenn alle Gruppenmitglieder mit den ersten drei Ideen fertig sind oder die 5-Minuten-Frist abgelaufen ist, werden die Blätter an den linken Nachbarn weitergereicht. Dessen Aufgabe besteht nun darin, die eingetragenen Vorschläge zu lesen und daraus Ideen weiterzuentwickeln, diese zu verändern oder neue Einfälle festzuhalten. Alles wird in die darunter liegenden waagerechten Spalten eingetragen. In dieser Weise geht es weiter, bis das Ideenblatt ausgefüllt ist. Natürlich müssen nicht immer alle drei Felder ausgefüllt werden.

1. Tragen Sie hier die Problemstellung ein:

2. Notieren Sie drei Ideen.

3. Tauschen Sie nach fünf Minuten die Formulare.

4. Schreiben Sie in die zweite Zeile weitere drei Ideen. Ergänzen oder variieren Sie die Idee Ihres Vorgängers oder notieren Sie eine völlig neue Idee.

5. Tauschen Sie das Formular nach weiteren fünf Minuten.

6. Tauschen Sie das Formular, bis die letzte Zeile ausgefüllt ist.

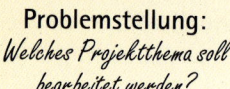

Problemstellung:
Welches Projektthema soll bearbeitet werden?

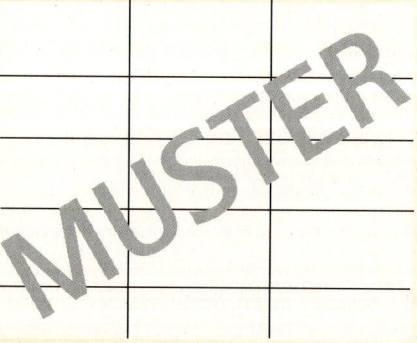

Auf der CD finden Sie im Ordner „Vorlagen" in der Datei „Brainwriting" ein Formblatt, das Sie individuell einsetzen können.

974046

5.1.3   Kopfstandtechnik

Sie wird auch als Umkehrmethode, Reversion oder Dialektik bezeichnet. Das Wesentliche dieser Methode ist ein bewusster Rollentausch, der den Blick auf die Problemstellung verändert.

Die normale Denkweise wird auf den Kopf gestellt. Diese Problemlösungstechnik ist bestens geeignet, um sich selbst von Paradigmen zu lösen und sich neue Dinge bewusst zu machen.

Wie funktioniert die Kopfstandtechnik?

BEISPIEL

Wenn Sie bei der Bearbeitung des Projektbeispiels „Konzeption eines modernen Aus- und Weiterbildungssystems" erkennen, dass die Inhalte der Ausbildung nicht mit der Berufsausbildungsverordnung übereinstimmen, dann würde die normale Problemstellung etwa wie folgt lauten:

„Wie können wir die Ausbildungsinhalte verändern, um die Berufsausbildungsverordnung einzuhalten?"

Nach der Methode der Kopfstandtechnik würde die Frage lauten:

„Wie können wir die Ausbildungsinhalte verändern, damit die Berufsausbildungsverordnung überhaupt nicht eingehalten wird?"

Die dadurch gesammelten Kopfstandideen bringen nicht die Lösung für das eigentliche Problem. Häufig können sich aber durch die Umkehrung der gesammelten Ideen neue Lösungsansätze entwickeln.

5.1.4   Morphologischer Kasten

Bei dieser Problemlösungstechnik wird ein Problem nach verschiedenen Kriterien bzw. nach Teilproblemen zerlegt. Hierzu dient der Morphologische Kasten mit einem matrizenhaften Aufbau. Die erste Spalte enthält die Teilprobleme, deren Lösungsmöglichkeiten waagerecht in die zugehörigen Zeilen eingetragen werden. Die gefundenen Teillösungen können nun kombiniert werden, um dadurch neue Gesamtlösungen zu erhalten.

Im nachfolgenden Beispiel wird der Morphologische Kasten benutzt, um einen Werbeprospekt für Auszubildende zu entwerfen, diesen herzustellen und zu verteilen, um damit neue Auszubildende anzusprechen. Durch unterschiedliche Kombinationen der Teillösungen entsteht die Lösung dieses vorgegebenen Problems. Die gewählten Kriterien können mit Pfeilen verbunden und damit die Lösung des Ausgangsproblems bildlich dargestellt werden.

Kriterien	Variablen der Kriterien				
Größe	DIN A3	DIN A4	DIN A5	DIN A6	DIN A7
Form	Hochformat ungefaltet	Querformat ungefaltet	Hochformat gefaltet	Querformat gefaltet	Kombination
Grundfarbe	Rot	Grün	Blau	Gelb	Weiß
Schriftart	Arial	Times New Roman	Bank Gothic	Bernhard Fashion	Lucida Handwriting
Schriftgröße	10	12	14	16	18
Bilder	Clip Arts	Porträts von Auszubildenden	Unternehmensbilder	Kombination von Bildern	Zeichnungen
Vervielfältigung	Fremddruck	Selbstdruck	Computerdruck	Fremdkopie	Selbstkopie
Verteilung	Hauswurf	Schulen	Zeitungsbeilage	Auslage in Geschäften	Mehrere Verteilungsarten

Beispiel eines Morphologischen Kastens

Das beschriebene Problem wird demnach wie folgt gelöst:

Der Prospekt wird auf einem „DIN-A4-Blatt" im „Querformat" so gestaltet, dass dieser gefaltet werden kann. Die Grundfarbe wird „Gelb" und die Schriftart wird „Times New Roman" in Größe „14" sein. Bei der Gestaltung des Prospekts werden „verschiedene Bilder" verwandt. Er wird „selbst gedruckt" und auf „mehrere Arten verteilt".

Aus: In Anlehnung an Schilling, Gert (1999). Projektmanagement. S. 80 ff.

Als Hilfe zur Lösung Ihres individuellen Problems kann Ihnen ein leeres Formular dienen. Sie finden es auf der CD im Ordner „Vorlagen" in der Datei „Morphologischer Kasten – blanko".

HINWEISE/TIPPS

- Nicht jede Kreativitätstechnik kann für alle Probleme angewandt werden.
- Teilen Sie umfangreichere Probleme in kleinere Einzelprobleme auf.
- Je komplexer das Problem ist, desto allgemeiner sind die Lösungsansätze.
- Versuchen Sie die allgemeinen Lösungsansätze für Ihr Problem zu konkretisieren.

5.2 Entscheidungstechniken

Im nächsten Schritt müssen Sie die vielen Ideen und Meinungen bewerten und strukturieren. Manche Gedanken werden dabei sein, die Sie bei den vorgegebenen Rahmenbedingungen nicht realisieren können und die deshalb ausscheiden. Über die realisierbaren Vorschläge müssen jedoch Entscheidungen getroffen werden; manche von der Projektleitung, manche von allen Projektbeteiligten und manche vom Arbeitsteam. Einige Entscheidungen fallen leicht und andere sehr schwer. Die Suche nach einer völlig objektiven Entscheidungsmethode ist meist Illusion. Sie sollten sich jedoch nicht vor Entscheidungen drücken.

5.2.1 Ideenprotokoll

Es dient dazu, einen Überblick über viele Vorschläge und Ideen zu geben. So können die gesammelten Ideen z. B. beim Brainstorming in vier Kategorien eingeteilt werden. Dadurch können Sie schnell entscheiden, welche Ideen umgesetzt werden können und welche noch bearbeitet werden müssen.

Kategorien	Realisierungsmöglichkeit
Heiße Ideen	sofort realisierbare Ideen
Warme Ideen	später realisierbare Ideen
Lauwarme Ideen	bearbeitungswerte Ideen, die weiterer Überlegung bedürfen
Kalte Ideen	(noch) nicht realisierbare Ideen

5.2.2 Rosinenkonzept

Sie werden bei Ihren Projektarbeiten selbst erleben, dass Sie bei neuen Ideen zunächst deren negativen Anteil betrachten, obwohl dieser vielleicht bedeutend kleiner ist als der positive Anteil. Dies ist der so genannte Eisbergeffekt. Eine neue Idee hat meist einen großen positiven Anteil und einen kleineren nicht so positiven Anteil. Der größere Teil des Eisbergs, der den großen positiven Anteil repräsentieren soll, ist unter Wasser, der kleinere Teil hingegen, der den kleineren negativen Anteil der Idee symbolisiert, ragt über das Wasser hinaus. Diese häufige Reaktion führt zu Aussagen wie: „Wenn aber der Extremfall eintritt, dann funktioniert die Idee nicht!" oder „Wo ist der Schwachpunkt an der ganzen Sache?" anstatt zu überlegen: „Was ist gut an der Idee?" oder „Wie kann man Schwächen der Idee vermeiden?"

Beim Rosinenkonzept wird jeder Lösungsvorschlag in positive und negative Aspekte zerlegt. Zuerst sollten sich alle Projektteilnehmer überlegen: „Was ist gut an dieser Idee?" Es werden also zuerst die Rosinen herausgepickt. Sie werden überrascht sein, wie viele positive Aspekte Sie in einer Idee finden, die sonst verloren ginge. Sie können hierfür eine Tabelle anfertigen, in der Sie zuerst die positiven und dann die weniger guten Aspekte der Ideen auflisten. Wichtig ist, dass Sie ganz bewusst die positiven Aspekte der Ideen sammeln.

BEISPIEL

Bezogen auf das Projektbeispiel „Konzeption eines modernen Aus- und Weiterbildungssystems" könnte eine Idee sein den Arbeitgeberpräsident, Dr. Dieter Hundt, zu den erforderlichen Kompetenzen zukünftiger Mitarbeiter in den Betrieben zu befragen.

Eine solche Tabelle zu dieser Idee könnte folgendes Aussehen haben:

Positive Aspekte	Negative Aspekte
Informationen aus erster Hand.	Viel Aufwand und Mühe.
Die Informationen haben ein großes Gewicht.	Blamiert man sich ...?
Die Aussagen werten das Projekt auf.	Man erreicht ihn nicht.
Daraus können die Ausbildungsinhalte gut abgeleitet werden.	Ein Stufe zu hoch ...?

5.2.3 Ideenbewertung

Wenn Sie in Ihrer Projektgruppe einige Ideen gesammelt haben, können Sie diese mit einer einfachen Ideenbewertung würdigen. Hierzu benötigen Sie eine Pinnwand mit Papier, worauf Sie dann die verschiedenen Ideen untereinander schreiben. Alle Gruppenmitglieder gewichten die jeweiligen Ideen mit Klebepunkten auf einer entsprechenden Skala. Diese kann von sehr wichtig (+ +), wichtig (+) über nicht so wichtig (–) bis völlig unwichtig (– –) gehen. Jedes Gruppenmitglied bewertet jede Idee mit einem Klebepunkt. Aus dem Bewertungsergebnis lässt sich die Meinung der Gruppenmitglieder zu den Bedeutungen der Ideen klar erkennen.

Informieren Sie sich bitte über den richtigen Umgang mit Materialen zur Metaplantechnik im Kapitel 5.3.

BEISPIEL zum Eingangsprojekt:

Wenn Sie mit Ihrer Projektgruppe das Projektbeispiel „Konzeption eines modernen Aus- und Weiterbildungssystems" bearbeiten, dann könnte eine Bewertung der Ideen zu unterschiedlichen Möglichkeiten der Informationsgewinnung über neue Ausbildungsinhalte wie nebenstehend aussehen:

Die Idee finde ich ...			
Befragung von ehemaligen Azubis			
Befragung von Mitarbeitern			
Interviews mit Ausbildungsleitern			
Interviews mit Berufsschullehrern			
Informationen von der Arbeitsagentur			
Informationen von der IHK			
Informationen von Marktforschungs- instituten			

5.2.4 Mehrpunktfrage

Wollen Sie in Ihrer Projektgruppe eine Rangfolge von Ideen oder Lösungsvorschlägen erhalten, können Sie dies mit der Mehrpunktfrage erreichen. Damit werden nicht die Bedeutungen aller Nennungen erfasst, sondern über die Anzahl der Klebepunkte die Prioritäten. Die Gruppenmitglieder können mehrere Klebepunkte an unterschiedliche Themen oder auch mehrere Klebepunkte für eine Nennung vergeben. Die Spielregeln hierfür müssen vorher allerdings geklärt werden. Sie können sich an der folgenden Faustformel orientieren: Jedes Gruppenmitglied erhält halb so viele Klebepunkte, wie Ideen oder Lösungsvorschläge zur Verfügung stehen. Bei dieser Klebepunkte-anzahl entsteht meist eine klare Reihenfolge oder Gewichtung. Sie sollten allerdings noch eine Gewichtungsregel vereinbaren, nach der jeder Teilnehmer für eine Idee eine maximale Klebepunktzahl vergeben kann. Es hat sich die folgende Regel bewährt: Maximal zwei oder drei Punkte pro Idee oder Lösungsvorschlag vergeben.

BEISPIEL zum Eingangsprojekt:

Im Rahmen des Projektbei-spiels „Konzeption eines modernen Aus- und Weiter-bildungssystems" könnte Ihre Projektgruppe mit einer Planungs- und Problem-lösungstechnik (vgl. Kapitel 5.1) verschiedene Ideen zum folgenden Problem gesam-melt haben: In welchem Rahmen soll die Präsen-tation des Gesamtprojekts stattfinden? Schreiben Sie die Ideen untereinander auf eine Pinnwand. In der zwei-ten Spalte werden die Klebepunkte der Gruppen-mitglieder in der beschrie-benen Weise angebracht.

Deren jeweilige Anzahl kön-nen Sie in der nächsten Spalte erfassen, woraus sich die Rangfolge der Ideen ergibt, die in die letzte Spalte eingetragen wird.

In welchem Rahmen präsen-tieren wir das Projekt?	Punkte	Anzahl	Rang
Nur vor den Projektbeteiligten in der Berufsschule			
In der Berufsschule mit allen Ausbildern, Fach-lehrern und dem Schulleiter			
In der Berufsschule vor anderen Schulklassen			
Nur vor den Projektbeteiligten im Ausbildungsbetrieb			
Im Ausbildungsbetrieb mit allen Ausbildern, Fach-lehrern, weiteren wichtigen Personen des Betriebs und externen Interessierten an dem Thema			

Informieren Sie sich bitte über den richtigen Umgang mit Materialen zur Metaplantechnik im Kapitel 5.3.

5.2.5 Entscheidungsmatrix

Wenn Sie verschiedene Lösungsmöglichkeiten gegeneinander abwägen wollen, kann eine Entscheidungsmatrix hilfreich sein. Sie können dann nach rein sachlichen Kriterien eine Entscheidung begründend herbeiführen.

Anhand des folgenden Beispiels einer Entscheidungsmatrix können Sie deren Aufbau und Anwendungsmöglichkeit sehr gut erkennen. Es wird das gleiche Entscheidungs-problem behandelt wie bei der Mehrpunktfrage im Kapitel 5.2.4, nämlich die Frage: In welchem Rahmen soll die Präsentation des Projektbeispiels stattfinden?

BEISPIEL

Entscheidungsmatrix			
Lösungsvarianten Kriterien	Variante 1 Präsentation nur vor den Projekt-beteiligten ...	Variante 2 Präsentation auch vor anderen Schulklassen ...	Variante 3 Präsentation im großen Rah-men im Un-ternehmen ...
Muss-Kriterien			
Präsentationstechniken richtig	✔	✔	✔
Raum vorhanden	✔	✔	?
Interesse am Projektthema	✔	?	✔
Vom Projektleiter befürwortet	✔	✔	✔
Zeitlich im Projektablauf machbar	✔	✔	✔
Projektmitarbeiter einverstanden	✔	✔	✔

Wunsch-Kriterien	Gewicht	Punkte	Wert	Punkte	Wert	Punkte	Wert
Gehobenes Ambiente	7	1	7	2	14	10	70
Moderne Medien	10	4	40	4	40	9	90
Noten nach Schwierigkeit	8	1	8	5	40	9	72
Vorbereitungszeit	4	6	24	7	28	2	8
Räumliche Nähe	2	9	18	9	18	2	4
Vor Bekannten	6	10	60	6	36	1	6
In gewohnter Umgebung	6	10	60	8	48	1	6
Summe			217		224		256

Beispiel einer Entscheidungsmatrix

Wie arbeiten Sie mit der Entscheidungsmatrix?

Tragen Sie zunächst alle Lösungsvarianten ein. Für die Präsentation des Projekt-beispiels sollen drei Varianten möglich sein. Danach werden die Kriterien aufgeführt, die erfüllt sein müssen, um eine Lösungsvariante überhaupt durchführen zu können. Die Nichterfüllung eines solchen Muss-Kriteriums führt in der Regel zum Ausschluss der Lösungsidee. Die Muss-Kriterien können nur „erfüllt" oder „nicht erfüllt" werden. Im Beispiel sollten noch die beiden Fragezeichen bei der Variante 2 und der Vari-ante 3 geklärt werden. Fehlt z. B. bei anderen Schulklassen das Interesse am Projekt-thema, dann wird diese Idee nicht weiterverfolgt. Wenn jedoch das Interesse vor-liegt und bei der Variante 3 die Räumlichkeiten geklärt sind, dann können Sie die Wunsch-Kriterien bearbeiten.

974052

Die Wunsch-Kriterien werden zunächst von den Bewertenden mit einem Faktor gewichtet. Diese Faktoren repräsentieren dann die jeweilige Bedeutung der Kriterien. So erhält im obigen Beispiel der „Einsatz von modernen Medien" zehn Punkte. Dadurch wird diesem Kriterium die höchste Bedeutung beigemessen.

Nach der Gewichtung vergeben die Bewertenden für jedes Wunsch-Kriterium bezüglich jeder möglichen Lösungsvariante eine Punktzahl nach eigenem Ermessen. Darin drückt sich aus, wie gut das Wunsch-Kriterium von jeder Lösungsvariante erfüllt wird. Erfolgt die Präsentation nach der Variante 3 „im großen Rahmen", dann treffen beispielsweise die beiden Wunsch-Kriterien „vor Bekannten" und „in gewohnter Umgebung" nicht zu und erhalten jeweils nur einen Punkt. Die Gewichtung und die jeweilige Punktzahl bei einer Lösungsvariante werden multipliziert und ergeben dann den entsprechenden Wert. Im Beispiel ist das „gehobene Ambiente" mit „7" gewichtet und bei Variante 3 mit „10 Punkten" bewertet, sodass sich ein Wert von „70" ergibt. Addieren Sie danach die sich so ergebenden Werte für jede Lösungsvariante. Die Lösung mit der höchsten Wertsumme bringt bezüglich der untersuchten Wunsch-Kriterien die meisten Vorteile und wird somit von den Projektbeteiligten präferiert. Im Beispiel würde die Entscheidung auf die Lösungsvariante 3 fallen, sofern Sie mit Ihrem Team noch die „Räumlichkeiten" als Muss-Kriterium klären können.

Aus: In Anlehnung an Schilling, Gerd (1999). Projektmanagement. S. 90 ff.

HINWEISE/TIPPS

- Sollten Sie mit einer Entscheidungsmatrix zu einem Ergebnis kommen, bei dem Sie und Ihre Arbeitsgruppe sich nicht wohl fühlen, dann sollten Sie die Matrix und deren Ergebnis noch einmal überdenken.
- Die Gewichtungs- und Punkteskala sollten Sie in Ihrem Projektteam vor der Bewertung einheitlich festlegen.

Auf der CD finden Sie im Ordner „Vorlagen" in der Datei „Entscheidungsmatrix" ein Formular, das Sie auf Ihre Bedürfnisse anpassen können.

5.3   Metaplantechnik

Der Einsatz der Metaplantechnik ist in mehreren Phasen des Projektablaufs sehr hilfreich. Hier werden mit einfachen visuellen Hilfsmitteln die individuellen Beiträge von Gruppenmitgliedern sichtbar gemacht und strukturiert. Der Vorteil der Metaplantechnik gegenüber einer Tafel oder dem Flipchart liegt darin, dass die Moderationskarten mit den darauf geschriebenen Meinungen, Daten und Fakten auf der Pinnwand flexibel und zielorientiert verändert werden können.

Die Metaplantechnik ist auch die mediale Grundlage der Moderationsmethode. Diese hat in ihrer ursprünglichen Form und ihrem strukturellen Ablauf in einem normalen Projektablauf keine Bedeutung. Erst wenn es im Rahmen eines Projekts zu größeren Schwierigkeiten kommt, sollten Sie die Moderationsmethode als Mittel zur Problemlösung heranziehen.

Informieren Sie sich bitte über die Moderationsmethode anhand der vorgeschlagenen Literatur im Kapitel 9.7.

5.3.1 In welchen Phasen des Projektablaufs hilft Ihnen der Einsatz der Metaplantechnik?

Die Metaplantechnik wird eingesetzt, wenn aus mehreren Vorschlägen und Ideen von Gruppenmitgliedern eine Auswahl getroffen werden muss.

- In der Phase der Projektinitiative soll das Projektthema festgelegt werden.
- Bei der Projektplanung sollen die Aufgabenstellungen der Teilaufträge konkretisiert und Projektgruppen gebildet werden.
- Im Rahmen der Projektreflexion werden die Erfahrungen und Verbesserungsmöglichkeiten erfasst.

Ein weiteres Einsatzgebiet ist das Präsentieren der Gruppen- bzw. Projektergebnisse.

- Metaplantechnik dient zur Visualisierung im Rahmen von Präsentationen.
- Sie können sich im Rahmen der Präsentationstechniken darüber näher informieren (vgl. Kapitel 5.11).

5.3.2 Welche Hilfsmittel benötigen Sie?

Für die Metaplantechnik ist folgende Grundausstattung erforderlich:

- Pinnwände
- Pinnwandpapier
- Moderationskarten
- Moderationsmarker
- Moderationsnadeln
- Bewertungspunkte

Moderationsmaterial

5.3.3 Welche Grundregeln sollten Sie bei der Metaplantechnik beachten?

Damit Sie die Metaplantechnik Erfolg versprechend anwenden können, müssen Sie ein paar GRUNDREGELN einhalten:

- Die Teilnehmer schreiben ihre Beiträge auf Moderationskarten.
- Mit einem Moderations-Marker schreiben.
- Groß- und Kleinbuchstaben verwenden.
- Möglichst mit Druckschrift schreiben.
- Maximal zwei Zeilen pro Moderationskarte schreiben.
- Nur Stichworte oder Stummelsätze formulieren.
- Nur einen Gedanken auf eine Moderationskarte schreiben.

974054

5.3.4 Wie führt die Metaplantechnik zum gewünschten Erfolg?

Wenn alle Mitglieder Ihrer Projektgruppe ihre Gedanken unter Einhaltung der Grundregeln der Metaplantechnik aufgeschrieben haben, gehen Sie wie folgt vor:

❶ Sammeln Sie alle Moderationskarten ein, lesen Sie diese einzeln laut vor und heften Sie sie für alle Teilnehmer sichtbar an die Pinnwand.

❷ Gruppieren Sie die Moderationskarten bereits beim Anheften unter Mithilfe aller Teilnehmer nach gleichartigen Aussagen.

❸ Versehen Sie alle dadurch entstandenen „Cluster" unter Mitarbeit aller Beteiligten mit einer Überschrift, einem Oberbegriff bzw. einem Thema. Sollte sich herausstellen, dass eine oder mehrere Moderationskarten sachlogisch nicht dazu passen, dann können Sie diese ohne weiteres verschieben.

❹ Nun können Sie die Cluster durch eine Punktabfrage aller Teilnehmer nach deren Dringlichkeit bzw. Bedeutung gewichten. Jeder Teilnehmer kann durch einen oder mehrere selbstklebende Bewertungspunkte seine Meinung kundtun. So wird z. B. das Projektthema oder aber dessen Unterthemen bzw. Teilaufträge, die in den Gruppen bearbeitet werden sollen, ermittelt.

❺ Sie können dann eine fotografische Aufnahme der erstellten Pinnwand dem Projektprotokoll beifügen.

5.3.5 Wie könnte die Metaplantechnik auf das Projektbeispiel angewandt werden?

Bei der Aufgabe des einführenden Projektbeispiels ist das Projektthema „Konzeption eines modernen Aus- und Weiterbildungssystems" bereits vorgegeben. Dadurch fällt der Einsatz der Metaplantechnik in der ersten Phase der Projektinitiative weg.

Hilfreich ist hingegen die Anwendung der Metaplantechnik bei der Planung des Projekts. Hier werden die Aufgabenstellungen in Teilaufträge eingestellt und die jeweiligen

Arbeiten an der Pinnwand

Arbeitsgruppen gebildet, die diese Teilaufträge bearbeiten. Wenn Sie in dieser Phase die Metaplantechnik wie vorgeschlagen einsetzen, werden Sie schnell zum gewünschten Ziel kommen.

Ein mögliches Ergebnis zum Finden der Unterthemen bzw. Teilaufträge beim Projektbeispiel mit der Metaplantechnik könnte wie folgt aussehen:

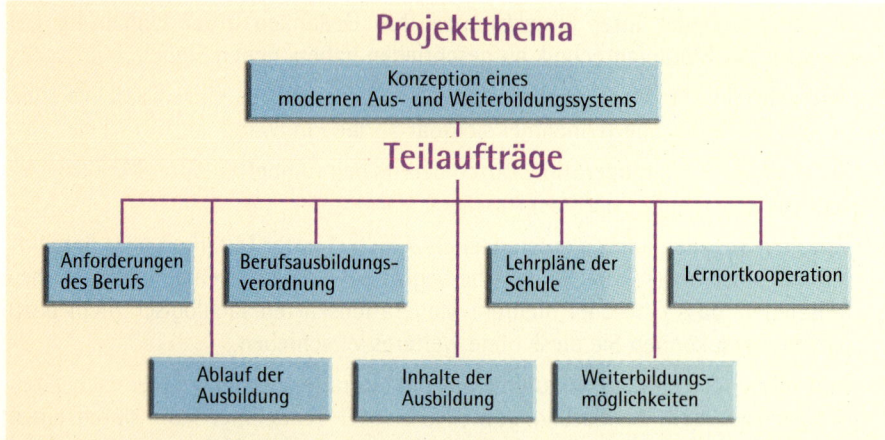

Themenfindung mit der Metaplantechnik

Diese Unterthemen zum Projektthema können das Ergebnis einer Kartenabfrage und der anschließenden Clusterbildung sein. Sie sind die Themen für die Teilaufträge, die in den jeweiligen Projektgruppen bearbeitet werden. Die Anzahl der Arbeitsgruppen ergibt sich aus der Teilnehmerzahl am Projekt. Eine Arbeitsgruppe sollte aus drei bis fünf Mitgliedern bestehen.

Sollten mehr Unterthemen vorhanden sein, als von der Teilnehmerzahl bearbeitet werden können, dann gibt es zwei mögliche Vorgehensweisen:

- Sinnverwandte Themen können zusammengelegt werden, wie z. B. „Berufsausbildungsverordnung" und „Lehrpläne der Schule" oder „Ablauf" und „Inhalte der Ausbildung.

- Die Mitglieder können nach Präferenzen befragt werden. Die Themenbereiche, die für die Teilnehmer interessant sind, werden durch Punktabfragen ermittelt. Bei diesem eng formulierten Projektauftrag jedoch sind alle Themenbereiche zu bearbeiten. Anders wäre es bei einem sehr offenen Projektthema (vgl. hierzu Kapitel 4.4.3).

Natürlich kann in den jeweiligen Arbeitsgruppen die Metaplantechnik ebenfalls hilfreich sein, wenn mehrere Ideen, Wünsche und Meinungen gesammelt und strukturiert werden sollen. Sie können auch bei der Präsentation der Projektergebnisse und bei der Projektreflexion die Metaplantechnik sinnvoll einsetzen.

5.4   Mindmapping

Im Rahmen der Projektmethode kann die Arbeitsmethode des Mindmapping in mehreren Phasen angewandt werden. Insbesondere ist sie bei der Projektinitiative und dem Anfertigen einer Projektskizze hilfreich.

5.4.1   Was versteht man unter Mindmapping?

Wenn man diese beiden englischen Wörter übersetzt, dann ergibt sich für „Mind"
der „Geist" und für „Map" die „Landkarte". Eine sinnvolle Zusammensetzung ergibt
dann die Gedächtniskarte oder das Aufzeichnen von Gedankenbildern.

Die Überschrift eines Artikels zum Firmentraining der Kreissparkasse Göppingen
drückt dies präzise aus:

Landkarte im Kopf
Mindmapping – sprachliches und bildhaftes Denken

aus: Prospekt der Kreissparkasse Göppingen

Beim Mindmapping wird das sprachliche und bildhafte Denken verbunden. Informationen werden nicht unsystematisch aneinander gereiht, sondern gedanklich in
Bildern strukturiert. Hierzu wird das gesamte Gehirn eingesetzt.

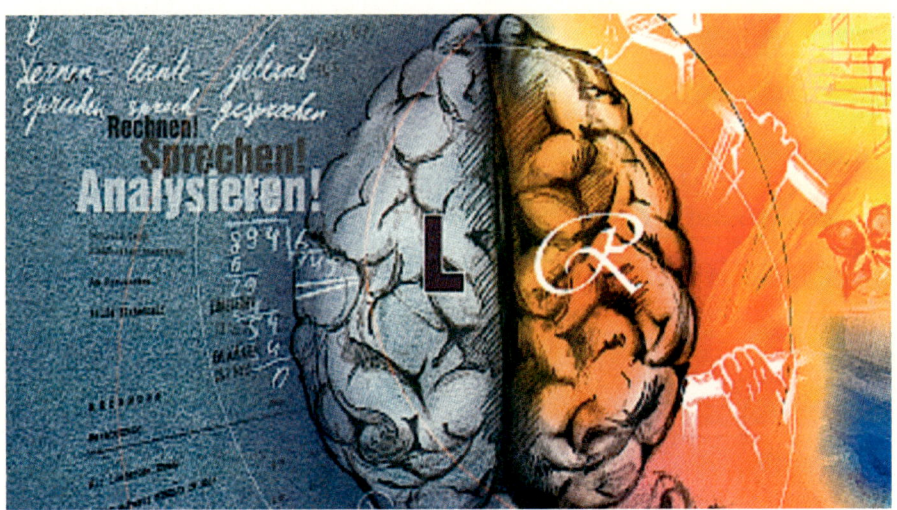

Die zwei Gehirnhälften – aus: Katalog der Firma Neuland (2001)

Die Neurowissenschaft hat entdeckt, dass die linke und die rechte Gehirnhälfte
unterschiedliche Arbeitsweisen haben. Während die linke Gehirnhälfte für das logische Denken zuständig ist, entwickelt die rechte Gehirnhälfte insbesondere
Kreativität und Gefühle. Mit dem Einsatz beider Gehirnhälften beim Mindmapping
arbeitet das Gehirn effektiver.

Die Gesamtstruktur eines Mindmaps ist einprägsam und auf dessen einzelne
Elemente kann gedanklich schneller zugegriffen werden. Gleichsam kann ein hohes
Maß an Kreativität entwickelt und manche Problemstellungen besser gelöst werden.

5.4.2 Welche Vorteile bietet das Mindmapping?

- Training der rechten Gehirnhälfte – meist wird nur die linke Gehirnhälfte beansprucht.
- Schärfung des Gedächtnisses
- Erhöhung des Konzentrationsvermögens
- Überblick behalten
- Zeitersparnis
- Förderung der verborgenen Ideen – Steigerung der Kreativität
- Entwicklung von Problemlösungen.

5.4.3 Wo und wie können Sie Mindmapping anwenden?

Eine Antwort auf die vielfältigen Anwendungsmöglichkeiten des Mindmappings gibt das folgende Mindmap selbst:

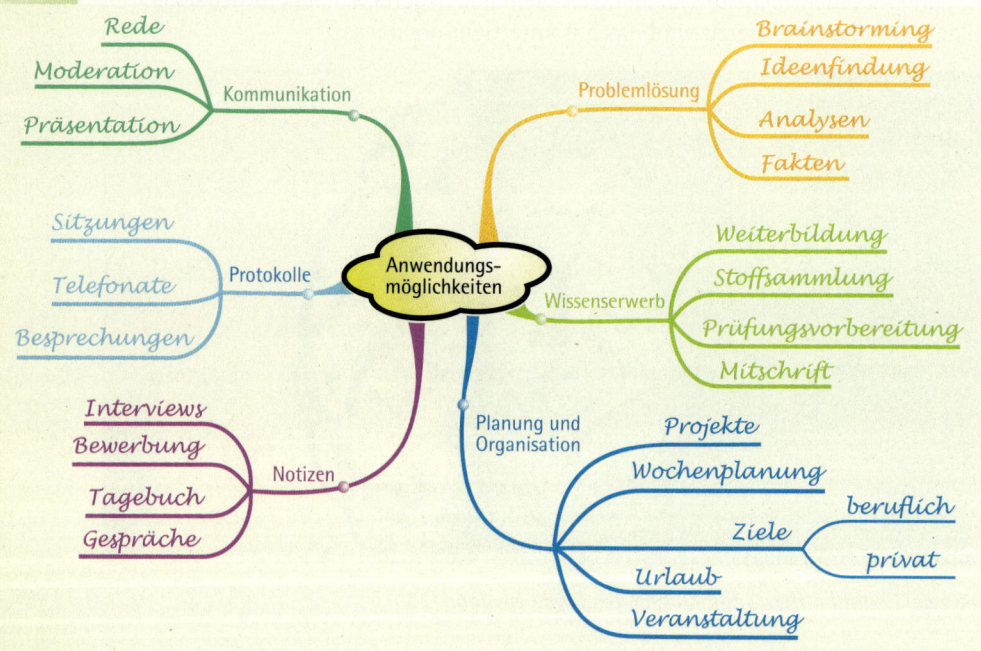

Anwendungsmöglichkeiten des Mindmappings dargestellt an einem Mindmap

974058

5.4.4 Anfertigen eines Mindmaps

Sie können ein Mindmap ohne große Vorbereitungen und mit nur wenigen Hilfsmitteln erstellen. Deshalb ist es möglich, fast überall, wo Sie sich gerade befinden, Ihre Gedanken in Form eines Mindmaps festzuhalten.

Ein Mindmap entsteht.

REGELN

- Nehmen Sie ein weißes Blatt Papier im A4-Format oder größer.
- Legen Sie das Blatt quer.
- Beginnen Sie in der Mitte.
- Schreiben/zeichnen Sie ein zentrales Bild, welches das Thema darstellt.
- Verbinden Sie die Hauptthemen direkt mit dem zentralen Bild.
- Fügen Sie weitere Äste mit Hauptthemen hinzu.
- Nehmen Sie eine zweite Gedankenebene hinzu.
- Fügen Sie assoziativ eine dritte und vierte Gedankenebene hinzu.
- Verleihen Sie Ihrem Mindmap eine neue Dimension.
- Rahmen Sie ganze Äste Ihres Mindmaps farbig ein.
- Verschönern Sie Ihr Mindmap nach Lust und Laune.
- Haben Sie Spaß dabei.

Und jetzt kann es schon losgehen! Erstellen Sie Ihr erstes Mindmap – Sie werden sehen, dass es ganz einfach ist!

Auf der CD finden Sie im Ordner „Arbeitsblätter" in der Datei „Erstellen eines Mindmaps-1" ein Arbeitsblatt. Dieses können Sie ausdrucken und damit den Arbeitsauftrag durchführen.

ARBEITSAUFTRÄGE

Erstellen Sie bitte ein Mindmap über Ihre diesjährige Urlaubsplanung.

Beachten Sie dabei die Regeln zum Anfertigen eines Mindmaps.

Erstellen Sie bitte eine Projektskizze zum Projektbeispiel „Konzeption eines modernen Aus- und Weiterbildungssystems " mithilfe eines Mindmaps.

Beachten Sie dabei die Regeln zum Anfertigen eines Mindmaps.

Zur Erledigung dieses Arbeitsauftrags kann Ihnen ein Arbeitsblatt helfen. Dieses ist auf der CD im Ordner „Arbeitsblätter" in der Datei „Erstellen eines Mindmaps-2" enthalten.

Auf der CD finden Sie im Ordner Mindmap ein Lösungsbeispiel einer Projektskizze.

5.4.5 Erstellen eines Mindmaps mit dem PC

Wenn Sie Mindmaps handschriftlich anfertigen können, ist es für Sie ganz einfach, diese auch mithilfe Ihres PC oder Notebooks zu erstellen. Hierzu benötigen Sie lediglich eine Software, z. B. das Programm „eMindMaps". Mit wenigen Mausklicken können Sie damit ein professionelles Mindmap erstellen, das Sie auch für Ihre Projektdokumentation und für Ihre Projektpräsentation verwenden können.

Die Benutzeroberfläche dieses Programms hat das folgende Aussehen:

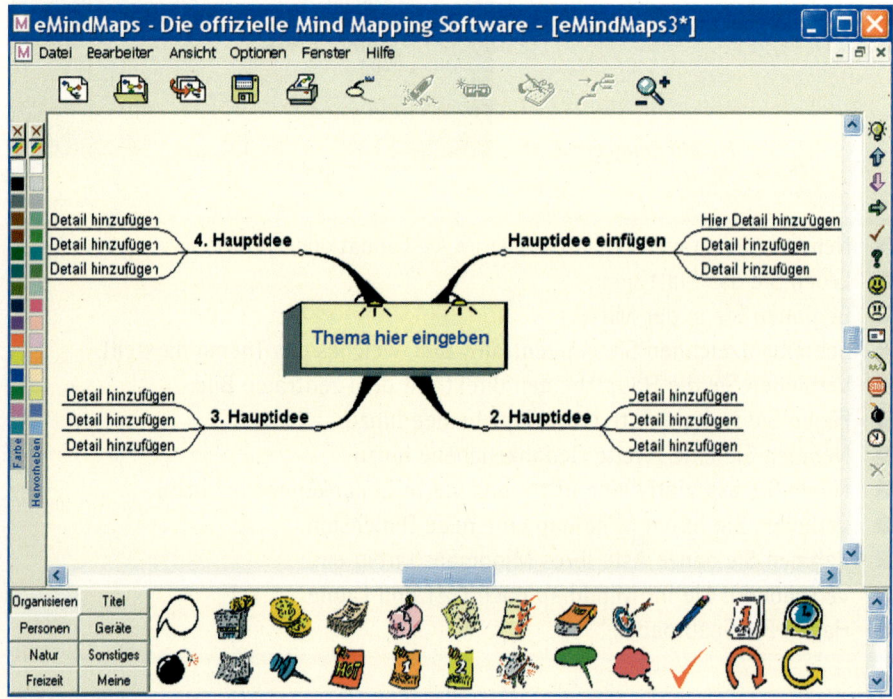

Benutzeroberfläche des Programms „eMindMap"

Mit dieser Software entstand das folgende Mindmap als eine Ideensammlung zum Projektbeispiel „Konzeption eines modernen Aus- und Weiterbildungssystems". Bevor es den Projektteilnehmern möglich ist, ein neues Ausbildungskonzept in einem Industriebetrieb zu entwickeln, müssen sie sich über viele Dinge informieren. Diese Informationsquellen sind im Mindmap übersichtlich dargestellt und können von den einzelnen Projektgruppen bearbeitet werden. Auch ein mit der Software erstelltes Mindmap kann von den Projektteilnehmern immer wieder erweitert oder abgeändert werden.

974060

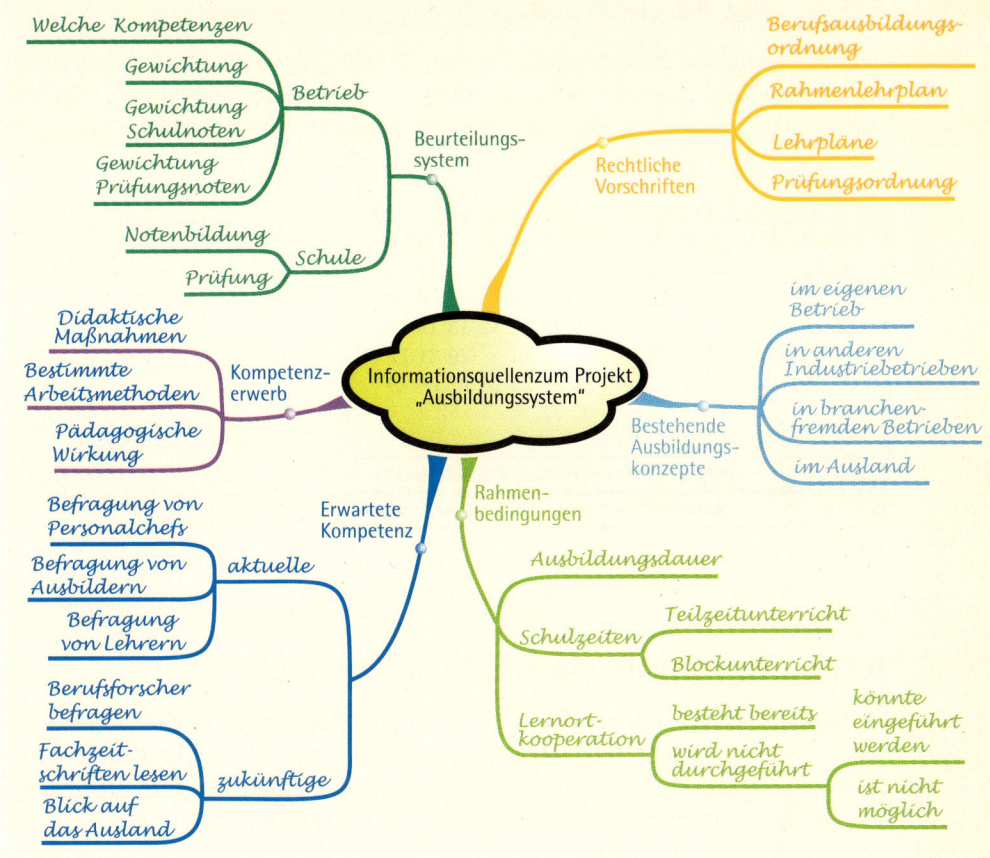

Beispiel eines mit dem Computer erstellten Mindmaps zum Projektbeispiel

5.5 Zeitmanagement

Ein ganz wichtiger Punkt für Ihre Projektarbeit ist das Einhalten von vereinbarten Projektterminen. Diese Terminierung wird bei Wirtschaftsprojekten der betrieblichen Praxis häufig von Kunden vorgegeben. Oftmals finanzieren Kunden ein Projekt und können demnach auch maßgeblich dessen Endtermin bestimmen. Wenn nicht Kunden, so haben Unternehmen auch intern ein Interesse daran, dass Projekte termingerecht durchgeführt werden. Deshalb müssen Sie bereits bei Ihren Schulungsprojekten ein großes Augenmerk auf deren zeitlichen Ablauf legen.

In einem ersten Schritt erstellen Sie gemeinsam mit allen Projektbeteiligten die Zeitplanung für das Gesamtprojekt. Daran müssen Sie sich persönlich, die einzelnen Projektteams und alle Teilnehmer halten.

Beim Zeitmanagement eines Projekts werden die einzelnen Arbeitsphasen zeitlich bestimmt. Ganz wichtig ist hierbei die Festlegung eines Zeitpunkts, an dem die Teilschritte abgeschlossen sein müssen. Damit Sie einen Gesamtterminplan erstellen können, müssen Sie die jeweiligen Vorgänge des Projekts kennen und deren Zeitaufwand bestimmen (vgl. hierzu Kapitel 4.4).

5.5.1 Die Kalenderplanung

Die Darstellung des zeitlichen Ablaufs eines Projekts hängt von dessen Komplexität ab. Bei einfachen Projektabläufen genügt eine kalendarische Bestimmung von Zeitpunkten, die Sie in einem aktuellen Kalenderauszug festhalten können.

Beispiel der zeitlichen Darstellung von zwei Projektterminen anhand eines Kalenders

5.5.2 Terminplanung mit dem Zeitstrahl

Mehrere linear aufeinander folgende Arbeitsschritte eines Projekts können Sie anschaulich an einem Zeitstrahl darstellen. Hier tragen Sie insbesondere deren fixierte Endzeitpunkte ein. Somit ist für jedes Projektmitglied und jedes Arbeitsteam klar ersichtlich, wann die Teilarbeiten fertig gestellt sein müssen.

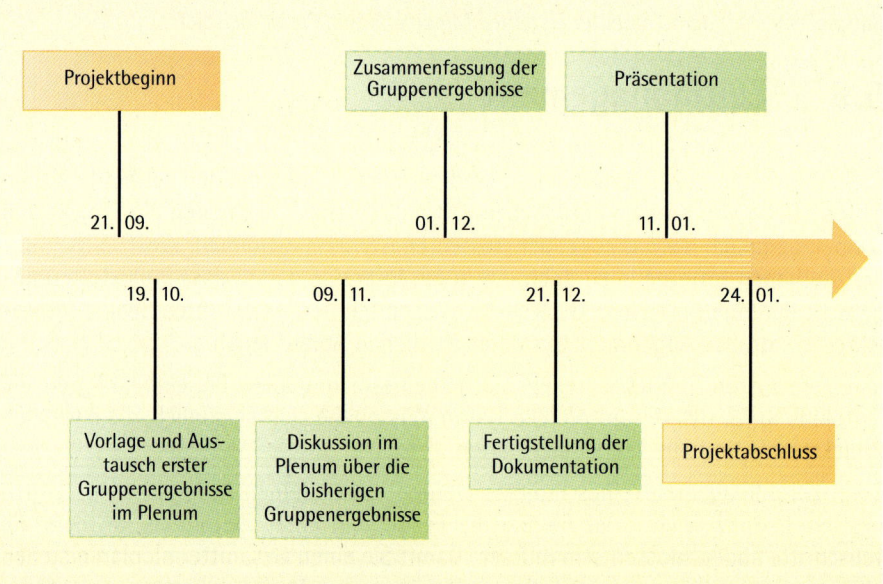

Beispiel einer Terminplanung am Zeitstrahl

974062

5.5.3 Terminplanung mit dem Programm „Outlook"

Eine gute Möglichkeit des Zeitmanagements für den Projektablauf bietet Ihnen die Standardsoftware von Microsoft, das Programm „Outlook". Hier können Sie alle festgelegten Termine Ihres Projekts eingeben, die Ihnen übersichtlich jederzeit zur Verfügung stehen. Das System erinnert Sie sogar an die Einhaltung der Termine.

Sie tragen z. B. den Projekttermin 19. Oktober 20.., an dem die ersten Gruppenergebnisse im Plenum vorgelegt und diskutiert werden, wie in der folgenden Abbildung in das Outlook-Programm ein. Es erinnert Sie dann mit einer derartigen Maske:

Beispiel einer Termineingabe in Outlook

5.5.4 Terminplanung mit dem Gantt-Diagramm

Wollen Sie die Dauer der Teilaufgaben eines Projekts veranschaulichen, eignet sich hierfür ein Balken- bzw. Gantt-Diagramm. Es wurde von Henry Lawrence Gantt entwickelt und bildet auf einer horizontalen Zeitachse die gesamte Dauer einzelner Vorgänge ab, die in der ersten Spalte beschrieben werden. Zusätzlich werden die Anfangs- und Endzeitpunkte dieser Vorgänge sowie deren Dauer in Tagen festgehalten.

Hierzu ein Auszug einer möglichen Darstellung zum Projektbeispiel

Vorgang	Anfang	Ende	Dauer	Oktober 20..											
				10.	11.	12.	13.	14.	15.	16.	17.	18.	19.	20.	21.
... ⟶	04.10...	10.10...	17 Tage	■											
Infos einholen über gesetzliche Vorschriften zur Berufsausbildung	10.10...	11.10...	2 Tage	■											
Auswertung der Infos über gesetzliche Vorschriften zur Berufsausbildung	12.10...	13.10...	2 Tage			■									
Infos einholen über pädagogische Grundlagen des Lernens	11.10...	13.10...	3 Tage		■										
Auswertung der Infos über pädagogische Grundlagen in der Gruppe	14.10...	15.10...	2 Tage					■							
Aufbereitung der Infos für die Vorstellung im Plenum	16.10...	17.10...	2 Tage							■					
Vorstellen der Gruppenergebnisse	19.10...	19.10...	1 Tag										■		
weitere Vorgänge folgen ...	20.10...	14.11...	26 Tage						Vorstellen der Gruppenergebnisse ↑					■	

Teil eines Projektablaufs – dargestellt mit einem Ganttdiagramm

Das Gantt-Diagramm finden Sie auf der CD im Ordner „Vorlagen" in der Datei „Gantt-Diagramm". Dieses können Sie als Hilfe für Ihr eigenes Projekt einsetzen. Sie müssen nur die Daten an Ihre jeweiligen Rahmenbedingungen anpassen.

Dieses einfache Ganttdiagramm zeigt Ihnen einen möglichen Teilablauf zum einführenden Projektbeispiel „Konzeption eines modernen Aus- und Weiterbildungssystems". Die Grundstruktur des Gantt-Diagramms besteht aus einer Beschreibung des Vorgangs, dessen Anfangs- und Endzeitpunkt und dessen gesamten Dauer. Diese Zeitdaten werden in Balkendiagrammen nochmals in Bezug auf einer horizontalen Zeitachse anschaulich dargestellt. Auf einen Blick erkennen die Beteiligten am Projekt, wann sie mit den jeweiligen Teilarbeiten beginnen sollten und wie viele Tage sie hierfür zur Verfügung haben. Je nach Länge des Projekts können statt Tage auch Wochen bzw. Monate angegeben werden.

Man kann erkennen, dass Teilarbeiten bereits beginnen können, wenn der vorige Vorgang noch nicht abgeschlossen ist. Andere Teilarbeiten, wie z. B. die „Auswertung der Infos", können erst beginnen, wenn die erforderlichen Informationen der Projektgruppe vorliegen. Wenn der oben genannte Termin, 19. Oktober 20..., zum

Vorstellen der Gruppenergebnisse eingehalten werden soll, dann müssen alle hierzu notwendigen Arbeitsprozesse bis dahin abgeschlossen sein. Im Gantt-Diagramm erkennt man deutlich, wie die Teilarbeiten zum vereinbarten Endtermin hinführen. Empfehlenswert ist auch die Berücksichtigung von Zeitpuffern, um ungeplante Verzögerungen abzufedern.

Das Gantt-Diagramm ist eine gute Hilfe für das Projektmanagement, insbesondere in der Aus- und Weiterbildung, denn mit dem Einhalten von vereinbarten Terminen haben erfahrungsgemäß viele Projektteilnehmer ihre Probleme. Die Projekte in diesem Bereich sind relativ einfach, sodass ihr Ablauf mit dem Gantt-Diagramm gut verständlich dargestellt werden kann.

Für kompliziertere Projekte in der beruflichen Praxis ist es weniger geeignet. Deren vielfältige zeitliche Abhängigkeiten und Verflechtungen können in einem Netzplan besser dargestellt werden.

5.5.5 Terminplanung mit einem Netzplan

Der Netzplan eignet sich besonders zur bildlichen Darstellung der zeitlichen Verknüpfungen von Tätigkeiten, die voneinander abhängig sind und sich gegenseitig beeinflussen. Für die Darstellung von Projekten in der Aus- und Weiterbildung ist eine komplexe Netzplanstruktur meist nicht erforderlich. Sie ist erst bei einer Projektzeit von mehr als sechs Monaten und für mehr als fünf Projektbeteiligte sinnvoll. Trotzdem soll auch diese Form des Zeitmanagements kurz vorgestellt werden.

Im Ablauf eines Projekts gibt es Tätigkeiten, die erst dann begonnen werden können, wenn eine vorausgehende Arbeit abgeschlossen ist. Verzögert sich die vorausgehende Aktivität, so verzögert sich der Abschluss der nachfolgenden Arbeitsphase und somit der Endtermin des Gesamtprojekts. Um unvorhergesehenen Verzögerungen vorzubeugen, werden Zeitpuffer eingebaut, die diese abfedern können.

Dabei gibt es zwei Arten von Zeitpuffer:

- **Gesamtpuffer** – er ist der Zeitraum, um den eine Tätigkeit verschoben werden kann, ohne dass dadurch der Fertigstellungstermin des Projekts verzögert wird.
- **Freier Puffer** – er ist der Zeitraum, um den eine Tätigkeit verschoben werden kann, ohne dass die unmittelbar folgende Tätigkeit verschoben werden muss.

Eine weit verbreitete Methode zur Erstellung von Netzplänen ist die „Critical Path Method" (CPM). Hierbei wird der „kritische Weg" bestimmt, der bei parallel laufenden Tätigkeiten die längste Zeit in Anspruch nimmt.

Ein Netzplan besteht somit aus einer Struktur von linear oder parallel angeordneten Vorgangsknoten, aus denen die Zeitpuffer und der kritische Weg ersichtlich sind.

Im Folgenden wird der Ausschnitt eines Netzplans mit dem Teilablauf des Projektbeispiels „Konzeption eines modernen Aus- und Weiterbildungssystems" dargestellt. Der zeitliche Ablauf entspricht den Angaben im Ganttdiagramm (vgl. hierzu Kapitel 5.5.4).

Zunächst werden die Angaben zum Ablauf des Projekts in eine Tabelle zur Struktur- und Zeitanalyse eingetragen. Die Abkürzungen können Sie den unten stehenden Erläuterungen entnehmen.

| Vorgang | Strukturanalyse | | Zeitanalyse | | | | | | |
	Beschreibung	Folge-tätigk.	Tage	FAZ	FEZ	SAZ	SEZ	GP	FP
A									
B									
C									
D									
E	Infos einholen über gesetzliche Vorschriften zur Berufsausbildung	F	2	17	19	19	22	2	0
F	Auswertung der Infos über gesetzliche Vorschriften zur Berufsausbildung	I	2	19	21	22	24	3	2
G	Infos einholen über pädagogische Grundlagen des Lernens	H	3	18	21	19	22	1	0
H	Auswertung der Infos über pädagogische Grundlagen in der Gruppe	I	2	21	23	22	24	1	0
I	Aufbereitung der Infos für die Vorstellung im Plenum	J	2	23	25	24	26	1	0
J	Vorstellen der Gruppen-ergebnisse im Plenum	K	1	25	26	26	27	1	0
K									
L									
M									
N									

Struktur- und Zeitanalyse zum Projektbeispiel

Erläuterungen:

FAZ = frühester Anfangszeitpunkt
FEZ = frühester Endzeitpunkt
SAZ = spätester Anfangszeitpunkt
SEZ = spätester Endzeitpunkt
GP = Gesamtpuffer = SAZ – FAZ
FP = freier Puffer = FAZ (Nachfolger) – FEZ (Vorgang)

FAZ		FEZ
Vorgang	Beschreibung	
Dauer	GP	FP

SAZ ... SEZ

974066

Aus den Angaben der Struktur- und Zeitanalyse wird nun der Netzplan erstellt. Den Aufbau der Vorgangsknoten können Sie den Erläuterungen entnehmen. Wie bei den anderen Darstellungsarten zum Zeitmanagement zeigt auch dieses Beispiel nur einen Teilabschnitt eines gesamten Projektablaufs, was mit den gestrichelten Eingangs- und Ausgangspfeilen symbolisiert wird.

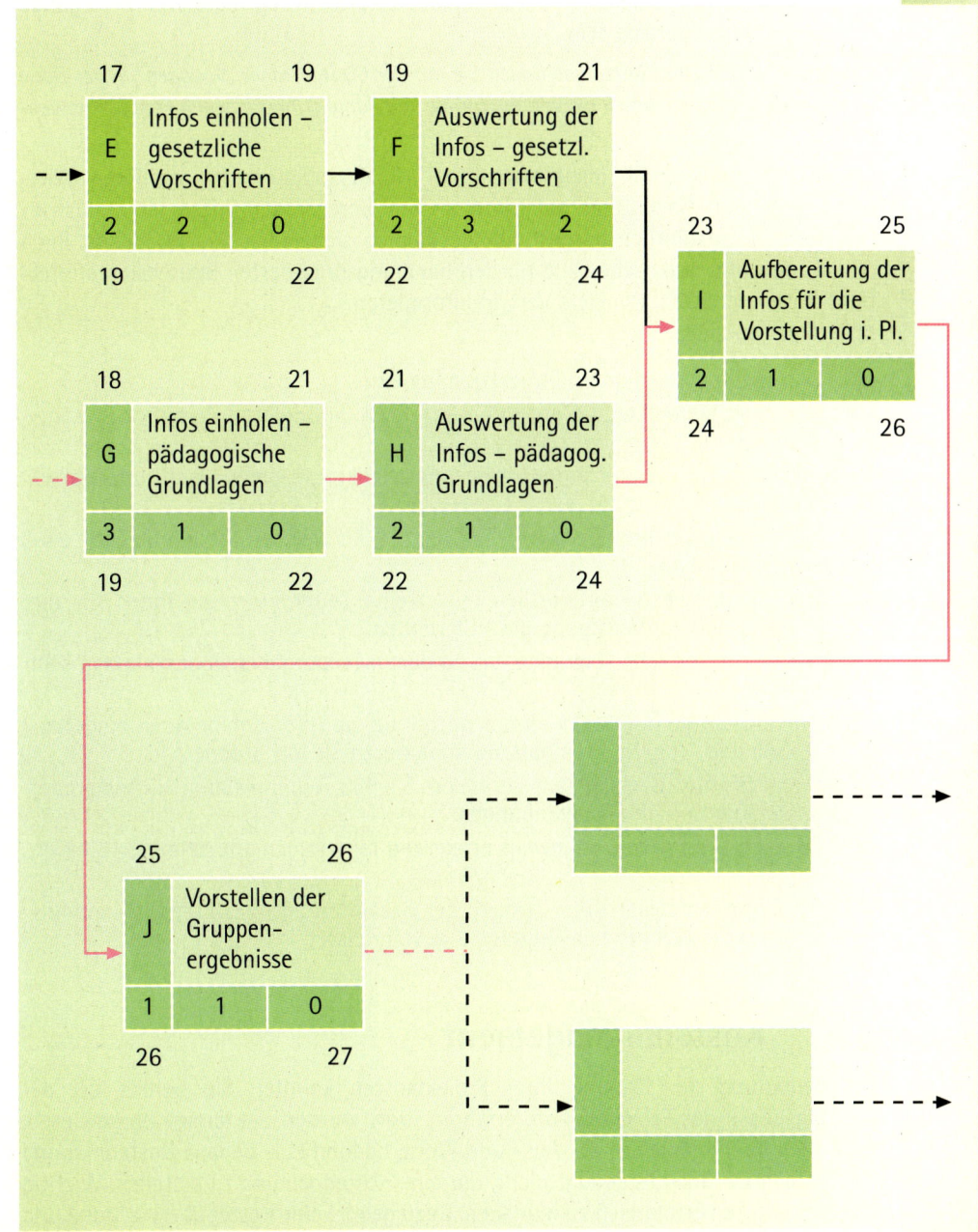

Ausschnitt aus einem Netzplan – Projektbeispiel „Aus- und Weiterbildungssystem"

Die roten Verbindungspfeile zeigen den kritischen Weg, also die zeitliche Abfolge von Teilaufgaben, die die längste Zeit in Anspruch nimmt. Sehr schön kann man die zeitlichen Puffer erkennen. Sie geben die Zeitspanne an, wie lange sich die einzelnen Teilaufgaben verzögern können, ohne dass der Fixtermin, hier der Vorgang „J Vorstellen der Gruppenergebnisse" gefährdet ist. Der späteste Anfangszeitpunkt am Tag 26 entspricht dem 19. Oktober 20..., an diesem Tag müssen alle Vorgänge spätestens abgeschlossen sein.

Diesen Ausschnitt eines Netzplans finden Sie auf der CD im Ordner „Vorlagen" in der Datei „Netzplan". Sie können diesen als Vorlage für die Zeitplanung Ihres eigenen Projekts verwenden.

Da die Netzplantechnik insbesondere bei Arbeitsabläufen und größeren Wirtschaftsprojekten Bedeutung hat, wird sie im Bereich der Speziellen Industriebetriebslehre ausführlich dargestellt. Sie können sich hierzu eingehend im Buch „Fallstudien und praktische Fälle für den handlungsorientierten Betriebslehreunterricht" (Stierand 2003, Winklers Verlag) informieren.

HINWEISE/TIPPS

- Halten Sie die geplanten Projekttermine ein.
- Beginnen Sie rechtzeitig mit Ihren Aufgaben, um nicht in Zeitdruck zu kommen.
- Sprechen Sie sich mit Ihren Gruppenmitgliedern ab, sofern es zu unerwarteten Ereignissen kommt.
- Optimieren Sie Ihren Zeitplan – prüfen Sie, an welchen Stellen Sie Zeit einsparen können.
- Gehen Sie selbstverantwortlich mit „freien Zeiten" um, die Ihnen für die Projektarbeit zur Verfügung gestellt werden.
- Setzen Sie zeitliche Fixpunkte, bis zu denen Teilaufgaben abgeschlossen sein müssen.
- Überprüfen Sie durch ein Termincontrolling, ob Ihre Termine auch eingehalten werden – bei Nichteinhaltung analysieren Sie die Gründe.
- Wenn es notwendig ist, dann verändern Sie Ihre Terminplanung als Anpassung an veränderte Rahmenbedingungen.
- Erfreuen Sie sich an den jeweils erreichten Teilerfolgen und belohnen Sie sich dafür.
- Bei Einhalten dieser Tipps ist auch der Gesamterfolg Ihres Projekts – zumindest aus zeittechnischen Gründen – gewährleistet.

5.6   Kostenmanagement

Die Bedeutung der Planung Ihrer Projektkosten konnten Sie bereits bei der Planungsphase des Projektablaufs erfahren. Dort wurden Sie darauf hingewiesen, dass auch bei Projekten in der Aus- und Weiterbildung eine genaue Kostenplanung erforderlich ist. Doch es genügt nicht, nur eine Kostenplanung zu erstellen. Wichtig ist es, die Kosten erfolgreich zu managen. Dazu gehört eine Kostenüberwachung und gegebenenfalls eine Kostenreduzierung. Selbst bei Schulungsprojekten kann ein unzureichendes Kostenmanagement zu einer Gefährdung Ihres Projekts führen.

Damit Sie Ihre Projektkosten zu jeder Zeit im Griff haben, sollten Sie bereits in der Planungsphase einen Kostenplan erstellen. Legen Sie hierfür den Projektablaufplan zugrunde. Aus diesem können Sie die Reihenfolge der Aktivitäten entnehmen und die hierfür notwendigen Plankosten zuordnen. Nachdem die jeweiligen Aktivitäten durchgeführt sind und deren Kosten feststehen, können Sie dann diese Ist-Kosten mit den angesetzten Plankosten vergleichen. Daraus erkennen Sie, wie sich die tatsächlich angefallenen Kosten im Vergleich zu den geplanten Kosten entwickeln. Manchmal werden die Ist-Kosten über und manchmal unter den Plankosten liegen. Wichtig ist jedoch, dass Sie den Verlauf der zusammengefassten Ist-Kosten, die so genannten kumulierten Kosten im Blick behalten.

Eine hervorragende Methode zum Managen Ihrer Projektkosten bietet Ihnen das Anwenderprogramm Excel von Microsoft. Das folgende Beispiel bezieht sich auf das Eingangsprojekt zum Thema „Konzeption eines modernen Aus- und Weiterbildungssystems". Es sind alle Aktivitäten aufgeführt, die im Projektablauf Kosten verursachen.

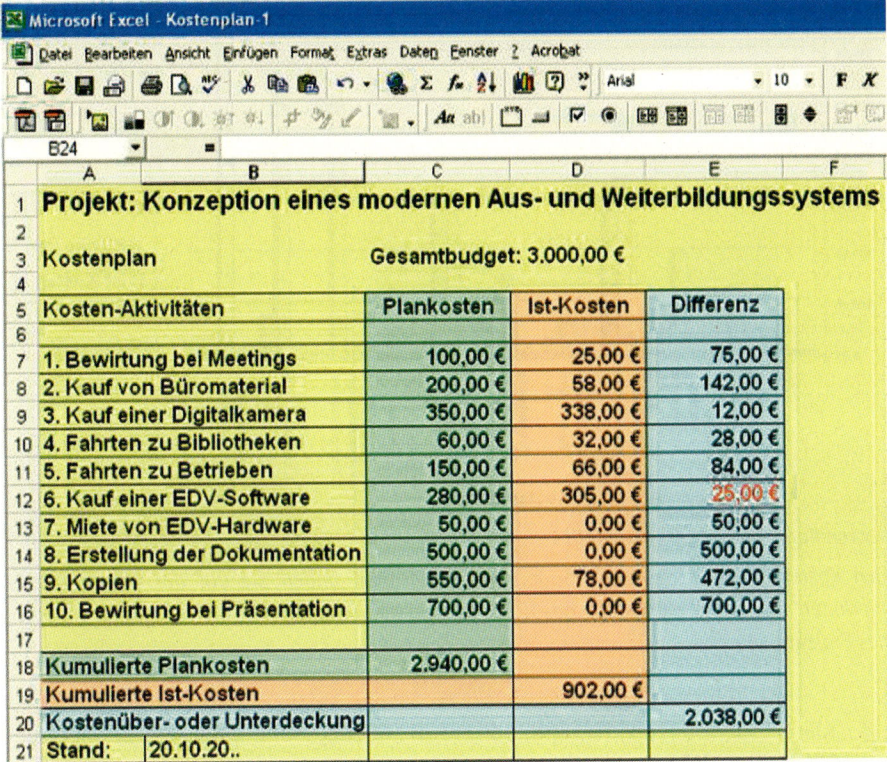

Kostenplan in Excel

Für das Projektbeispiel stehen 3.000,00 € zur Verfügung. Sie müssen den Kostenplan nach diesem Budget ausrichten. Der Kostenplan wird laufend fortgeschrieben, sobald in Ihrem Projektablauf irgendwelche Kosten anfallen. Vermerken Sie dann jeweils das Aktualisierungsdatum.

Aus dem Kostenplan können Sie ersehen, dass z. B. für den weiteren Kauf von Büromaterial noch 142,00 € zur Verfügung stehen. Die bereits angeschaffte Digitalkamera war um 12,00 € billiger als geplant. Die Anschaffungskosten der EDV-Software fielen um 25,00 € höher aus.

Je nach Art des Projekts können die Vorgänge auch nach deren zeitlichem Ablauf angeordnet werden. Dies ist jedoch nur empfehlenswert, wenn die jeweiligen Aktivitäten auch tatsächlich abgeschlossen sind und keine weiteren Kosten verursachen, wie z. B. der Kauf einer Digitalkamera. Bei der Kostenart Kopien bringt jedoch eine zeitliche Anordnung keine verbesserte Kostenplanung.

Sie können auch die Kostenplanung mit einem übersichtlichen Diagramm darstellen. Das folgende Beispiel eines Balkendiagramms zeigt anschaulich, inwieweit die Plankosten durch die Ist-Kosten in Anspruch genommen bzw. überschritten wurden. Das Diagramm wurde anhand der Zahlen aus der Kostenplanung für das Projektbeispiel mit Excel erstellt.

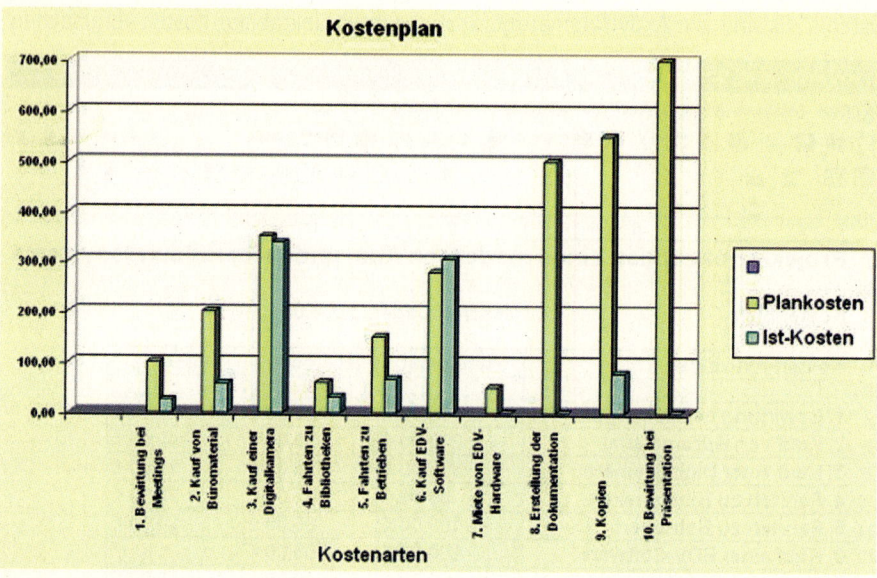

Kostendiagramm mit Excel erstellt

Den Kostenplan und das zugehörige Kostendiagramm finden Sie auf der CD im Ordner „Vorlagen" in der Datei „Kostenplan-1". Sie können diese Excel-Datei als Vorlage für Ihr eigenes Projekt benutzen.

Hinweise/Tipps

- Klären Sie vor Projektbeginn, ob und in welcher Höhe Ihnen ein Budget zur Verfügung steht.
- Erstellen Sie einen Kostenplan zu den Teilaufgaben bzw. Aktivitäten Ihres Projekts, die Kosten verursachen.
- Planen Sie die Projektkosten angemessen, ökonomisch und effizient.
- Verfolgen Sie den Kostenverlauf – ganz besonders die kumulierten Kosten.
- Ergreifen Sie eventuell Maßnahmen zur Kostenreduzierung.
- Eingesparte Kosten können Sie selbstverständlich für andere, ungeplante Vorgänge einsetzen. Gehen Sie aber auch damit ökonomisch und effizient um.

5.7   Teamarbeit und Teammanagement

5.7.1   Warum Teamarbeit und Teammanagement bei einem Projekt?

Ein überfachliches Lernziel der Projektarbeit ist der Erwerb von Sozialkompetenz. Sie als Schüler oder Lernende in der Aus- und Weiterbildung sollen befähigt werden mit anderen Projektteilnehmern im Team eine Aufgabe zu bewältigen.

Die Unternehmensführungen haben erkannt, dass die Leistungen eines Teams stets besser sind als die eines einzelnen Mitarbeiters. Bei Wirtschaftsprojekten werden die Projektteams meist von den Vorgesetzten bestimmt. Die einzelnen Mitarbeiter können sich ihre Teampartner nicht aussuchen.

Deshalb betonen Vertreter der Wirtschaft immer wieder, dass die Teamfähigkeit eine wichtige berufliche Schlüsselqualifikation ist. Dies soll die Überschrift zu einem Zeitungsartikel über eine Informationsveranstaltung mit Realschülern verdeutlichen:

AUSBILDUNG/Schüler der Schurwald-Realschule erhalten Informationen aus erster Hand

Ohne Anstrengung keine Chance
Teamfähigkeit, Engagement und Lernfähigkeit stehen auf der Hitliste ganz oben

aus: NWZ vom 24. März 2004

Wenn Sie aktuelle Stellenanzeigen lesen, können Sie feststellen, dass die Teamfähigkeit bzw. die Sozialkompetenz wichtige Anforderungsmerkmale für die gesuchten Bewerber sind. Bei der Stellenanzeige auf der folgenden Seite wird ein großer Wert auf die Durchführung von Projekten und die Teamfähigkeit gelegt.

... aber – was ist denn überhaupt ein Team?

Die Fachliteratur kennzeichnet ein Team dadurch, dass eine bestimmte Aufgabe in Zusammenarbeit von mehreren Menschen (evtl. Spezialisten auf ihrem Gebiet) erfüllt werden muss. Die Zielerreichung wird erst durch das im Team erzeugte Zusammenwirken ermöglicht. Das bedeutet, dass die Gesamtleistung des Teams größer ist als die Summe der Einzelleistungen der Teammitglieder. Ein Teams ist eine institutionalisierte Arbeitsgruppe auf Zeit, in der jeder mit jedem in Kontakt treten kann. Im Team entstehen gemeinsame Normen und ein Wir-Gefühl. Die Teammitglieder nehmen unterschiedliche Rollen ein und erfüllen verschiedenartige Funktionen.

aus: Stellenanzeige NWZ – Göppingen vom 24. Januar 2004

974072

... und welche Aufgaben hat ein Projektteam?

Die Durchführung eines Projekts zeichnet sich vor allem dadurch aus, dass in derartigen Teams Projektaufgaben oder Teilaufgaben gelöst werden. Diese Teamarbeit stellt selbstverständlich andere Anforderungen an die Gruppenmitglieder als bei individuellen Arbeitsformen. Die Arbeitsgruppen müssen in gewisser Weise organisiert werden, um handlungsfähig zu sein. Man spricht hierbei vom Teammanagement. Hierzu gehört die Aufgabenverteilung innerhalb der Gruppe, z. B. wer ist Gruppensprecher, wer führt die Protokolle oder wer präsentiert die Ergebnisse? Auch das Zeitmanagement (vgl. hierzu Kapitel 5.5) ist ein wesentlicher Teil des Teammanagements. Ein gutes Teammanagement, gute soziale Interaktionen und eine gute Kommunikation zwischen den Teammitgliedern sind wesentliche Voraussetzungen für das Gelingen eines Projekts und damit einer guten Projektbeurteilung (vgl. Kapitel 6).

Ein starkes Team

DEFINITIONEN

Für Sie nochmals die Aufgaben des Projektteams auf einen Blick:

- Durchführung eines Gesamtprojekts oder von Teilaufgaben bzw. Arbeitspaketen eines Projekts – dies ist abhängig vom Projektauftrag.
- Organisation und Rollenverteilung – Teammanagement.
- Bereitstellung von Informationen über den Stand der geleisteten Teamarbeit – der Status des Gesamtprojekts oder der Teilaufgaben bzw. Arbeitspakete.
- Anfertigen einer Prozessdokumentation – z. B. Protokolle.
- Information der Projektleitung über Zielabweichungen – evtl. Empfehlungen zu Korrekturen.

5.7.2 Was sollten Sie bei der Teambildung beachten?

Für den Erfolg eines Projekts ist es wichtig, dass Sie bei der Bildung Ihres Projektteams einige Dinge beachten:

REGELN

- Die Teammitglieder sollten zueinander passen, um möglichst effektiv und erfolgreich arbeiten zu können.
- Kriterien für eine Gruppenzusammensetzung können sein:
  - Fähigkeiten und Kenntnisse
  - Einstellungen
  - Verhaltens- und Arbeitsweisen
  - Sympathien
  - Ähnlichkeiten
- Innerhalb der Gruppe sollten verschiedene Rollen besetzt bzw. unterschiedliche Aufgaben entsprechend den Fähigkeiten der Gruppenmitglieder verteilt werden.
- Konkurrenzdenken zwischen den Gruppenmitgliedern sollte vermieden werden.
- Jedes Gruppenmitglied ist für die Erfüllung der Gruppenaufgabe verantwortlich.
- Das Wir-Gefühl – der Kollektivgedanke steht im Vordergrund.

5.7.3 Regeln für eine effiziente Teamarbeit

Wenn Ihr Team gebildet ist, können Sie mit Ihren Teilaufgaben zum Gesamtprojekt beginnen.

Wirken Sie innerhalb Ihres Teams darauf hin, dass alle Teammitglieder einige SPIELREGELN zum Verhalten beachten:

- Jeder erkennt den anderen als gleichwertigen Partner an. Die Rollen wie z. B. Diskussionsleitung, Protokollführer u. a. werden öfter gewechselt.
- Der Leiter des Teams ist mehr Impulsgeber und Moderator.
- Meinungen sollen ständig herausgefordert und geäußert werden – Schweigen bedeutet nicht Zustimmung.
- Zuhören ist genauso wichtig wie reden.
- Konflikte nicht verschleiern, sondern aufdecken und diskutieren.
- Meinungsverschiedenheiten sollen als Informationsquelle und nicht als Störfaktor betrachtet werden.
- Innerhalb des Teams soll kritisiert, aber nicht getadelt werden.
- Es gibt keine Meinung oder Erfahrung, die nicht infrage gestellt werden dürfte.
- Lernbedarf muss jederzeit deutlich gemacht werden – Informationsgefälle ist abzubauen – Wissen ständig mitzuteilen.
- Alle Unterlagen stehen jedem jederzeit zur Verfügung.

974074

- Entscheidungen sollen nicht durch Mehrheitsbeschluss, sondern mit weitgehender Einstimmigkeit erzielt werden. Kein Gruppenmitglied führt eine Aktivität aus, die nicht vorher gemeinsam beschlossen wurde.
- Die Aktivitäten jedes Einzelnen müssen ständig allen bekannt sein.
- Entscheidungen, Diskussions- und Arbeitsergebnisse sind laufend festzuhalten und durch Darstellungen sichtbar zu machen.
- Neue Aspekte und Zielabweichungen sind sofort mitzuteilen und zu klären.
- Die Einhaltung der Spielregeln ist ständig zu beobachten.
- Die Spielregeln sind – wenn nötig – neu zu diskutieren.

aus: In Anlehnung an das BWL-Fachdidaktik-Skript von Gerhard Maier (2002)

Regeln für eine effiziente Teamarbeit müssen festgelegt werden.

5.7.4   Teamentwicklung

Mit der Bildung von Projektgruppen zur Bearbeitung von Teilaufgaben in der Phase der Projektplanung ist zwar die formelle Aufgabe erledigt. Die somit gebildeten Gruppen müssen sich allerdings in ihren inneren sozialen Interaktionen auch kommunikativ zu arbeitsfähigen Teams entwickeln.

Diese Teamentwicklung läuft häufig in immer wiederkehrenden Phasen ab. Diese können mit dem Ablauf einer Uhr verglichen werden. Vielleicht haben Sie selbst diesen Ablauf in früheren Gruppenarbeiten erlebt. Nach der Teambildung sind sich die Mitglieder oft noch fremd und wissen nicht, wie sie die anderen Partner einschätzen sollen. Deshalb begegnet man diesen gegenüber vorsichtig und gespannt, ja sogar besonders höflich, da man nicht weiß, wie sie reagieren. Die zweite Phase – nachdem sich die Gruppenmitglieder kennen – ist häufig durch auftretende

Schwierigkeiten gekennzeichnet. Es kann zu Gruppenkonflikten kommen und die Arbeit kommt schwerlich voran. Doch die Teammitglieder merken, dass sie dadurch ihre gesetzten Ziele nicht erreichen. Sie suchen nach Lösungsmöglichkeiten, geben Feedback und organisieren manche Dinge neu oder ändern ihre Verhaltensweisen. Diese dritte Phase ist unbedingt erforderlich, um über die vierte Phase zu einer Lösung der Gruppenaufgabe zu kommen und die Projektarbeit zu einem erfolgreichen Abschluss führen zu können.

Für Ihre Projektarbeit ist es wichtig, dass Sie diese Phasen der Teamentwicklung kennen und entsprechend reagieren können. Damit sind Sie in der Lage, Schwierigkeiten zu überwinden und Ihr Projekt erfolgreich zu Ende zu führen. Sie können die einzelnen Phasen der Teamentwicklung der folgenden übersichtlichen Abbildung entnehmen:

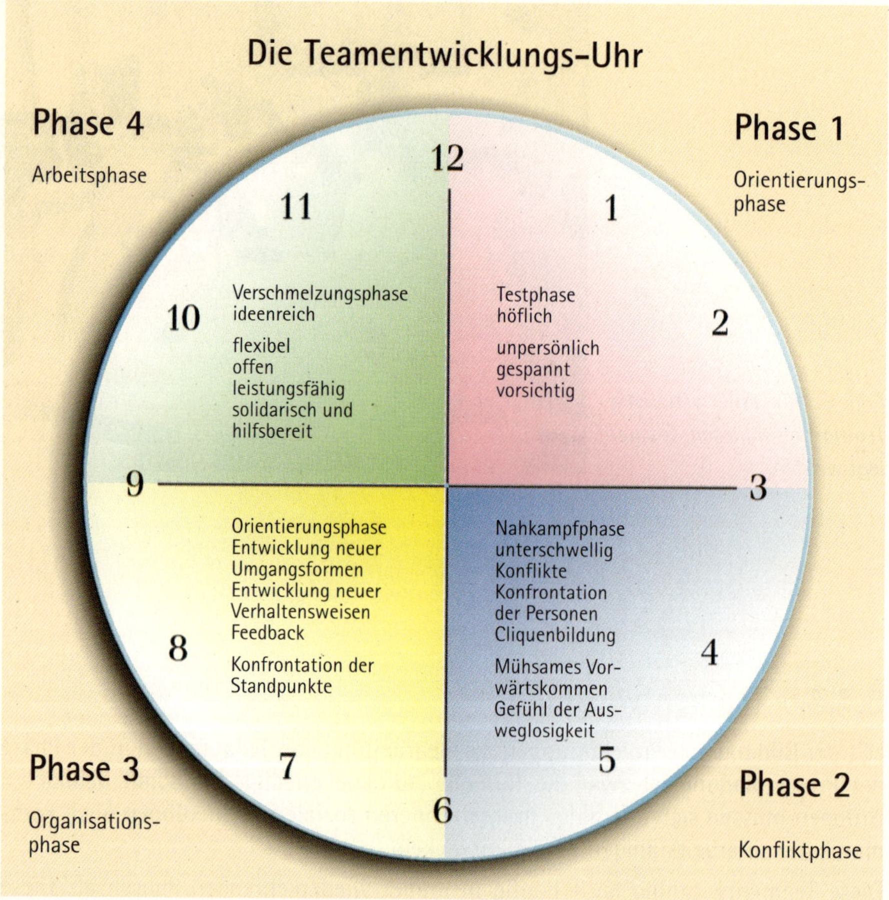

Die Teamentwicklungs-Uhr

Phase 4
Arbeitsphase

Phase 1
Orientierungs-phase

12
11
10
1
2

Verschmelzungsphase
ideenreich

flexibel
offen
leistungsfähig
solidarisch und
hilfsbereit

Testphase
höflich

unpersönlich
gespannt
vorsichtig

9
3

Orientierungsphase
Entwicklung neuer
Umgangsformen
Entwicklung neuer
Verhaltensweisen
Feedback

Konfrontation der
Standpunkte

Nahkampfphase
unterschwellig
Konflikte
Konfrontation
der Personen
Cliquenbildung

Mühsames Vor-
wärtskommen
Gefühl der Aus-
weglosigkeit

8
7
6
5
4

Phase 3
Organisations-
phase

Phase 2
Konfliktphase

Teamentwicklungs-Uhr (nach: Francis, Young [1982]. Mehr Erfolg im Team. S. 175, mit Abwandlungen)

Sie finden die Teamentwicklungs-Uhr auf der CD im Ordner „Vorlagen" in der Datei „Teamentwicklungs-Uhr". Diese können Sie auf die jeweiligen Situationen in Ihrem Projektteam umgestalten.

974076

5.7.5 Wie können Sie Gruppenprozesse beeinflussen und steuern?

Im Rahmen der Teamentwicklung kann es erforderlich sein, dass Sie die in Ihrer Projektgruppe ablaufenden Prozesse beobachten und zielgerichtet steuern müssen.

Das folgende Ablaufschema kann hierfür eine gute Hilfe sein:

Beobacht-bares Kriterium	Technik/Art der Übung	Zeit-dauer	Ziele
quantitatives Kommuni-kations-verhalten	Soziogramm: Feststellung der Interaktionen in der Gruppe durch ein Teammitglied (vgl. Beispiel nach dieser Tabelle).	während der ge-samten Team- sit-zung oder zeitweise	Aufdecken der Anzahl der Wortmeldungen und Anzahl der Ansprechungen. Vorher die Meinungen der Gruppe fragen, wie die Kommunikationshäufigkeit in der Entschei-dungsphase war; dieses dokumentieren und mit den realen Ergebnissen vergleichen. Hierüber Gruppendiskussionen zum Thema Vielredner, Schweiger, Prestige- und Kompetenzverteilung über die Wortmeldun-gen anstreben (vgl. Text nach dieser Tabelle).
individuelle Einstellungen zum sozialen Objekt „Team"	Zunächst indivi-duelle Abfrag-duelle Abfragen mit Fragebogen. Danach anonym alle Einzelmei-nungen als Grup-penmeinung zu-sammenfassen (Flipchart, Excel-Programm u. a.).	30 Minuten	Aufdecken des Spannungsbereichs der indivi-duellen Werte und der Gesamtwerte. Aufzei-gen von positiven fördernden Einstellungen zur Gruppe und von hinderlichen Aspekten.

Beobacht- bares Kriterium	Technik/Art der Übung	Zeit- dauer	Ziele
Stand der Team- entwicklung	Arbeitsblatt mit Teamentwick- lungs-Uhr (vgl. Kapitel 5.7.4). Es kann mehrmals im Projektablauf ein- gesetzt werden.	30 Minuten	Diagnose des Entwicklungsstands der Gruppe auf der Teamentwicklungs-Uhr und Diskussion der erreichten „Uhrzeiten". Einbezug der Ergebnisse in den weiteren Gruppenprozess.
Fragen zum Gruppenklima	Fragebogenab- frage (vgl. Beispiel auf CD)	30 bis 40 Minuten	Aufnahme des Gruppenklimas und Maßnahmen zur Verbesserung.
Art der Entschei- dungsfindung	Fragebogenab- frage (vgl. Beispiel auf CD)	20 Minuten	Es soll aufgezeigt werden, inwieweit die Teammitglieder der Meinung sind, eine bestimmte Entscheidungsform sei in der Gruppe akzeptiert.
Unstruktu- rierte Gruppen- beobachtung	Checkliste zur Beantwortung durch den Beobachter.	zeitweise während einer Team- sitzung	Beobachtungskriterien zur Herstellung eines Gruppenbildes. Der Beobachter sollte ein Feedback hierüber an die Teilnehmer nach der Arbeitsrunde geben. Die beobachtbaren Sachverhalte in Frageform an die Gruppe übermitteln.

Ablaufschema bei Gruppenprozessen (aus: BWL-Fachdidaktik-Skript von Gerhard Maier [2002])

Auf der CD finden Sie das Ablaufschema im Ordner „Vorlagen" in der Datei „Ablaufschema". Sie können es als Vorlage für die individuellen Gruppenprozesse in Ihren jeweiligen Projektteams einsetzen.

Während der Teamarbeit können bereits Einzelbefragungen vorgenommen werden. Sie können sich auf die Einschätzung eines Teammitglieds beziehen, wie groß sein eigener Beitrag zu den Teamaktivitäten ist. Auch die Einschätzung hinsichtlich des persönlichen Einflusses auf die Meinungs- bzw. Entscheidungsfindung oder der indi- viduelle Beitrag zu einem guten Klima im Team kann abgefragt werden. Alle diese persönlichen Abfragen sollen im Team ausgewertet werden, um so zu einer effizien- ten Teamarbeit beizutragen.

Ob die Kommunikation und die Interaktionen in Ihrem Team gut funktionieren, kön- nen Sie mithilfe eines **Soziogramms** feststellen. Dieses entsteht, indem ein Teammitglied während einer Teamsitzung die Kommunikationswege, die Anzahl der Wortmeldungen und der Ansprechungen der jeweiligen Teammitglieder protokol- liert. Aufgrund eines solchen Soziogramms können Sie Rückschlüsse auf die grup- pendynamischen Prozesse in Ihrem Team ziehen. Gemeinsam mit den anderen Teammitgliedern können Sie dann auf eine Veränderung im Gruppenverhalten hin- wirken.

Ein Soziogramm können Sie formlos erstellen. Wichtig ist, dass die Interaktionen in Ihrem Team sichtbar werden. Das Soziogramm einer Arbeitsgruppe aus dem Projektbeispiel könnte wie folgt aussehen:

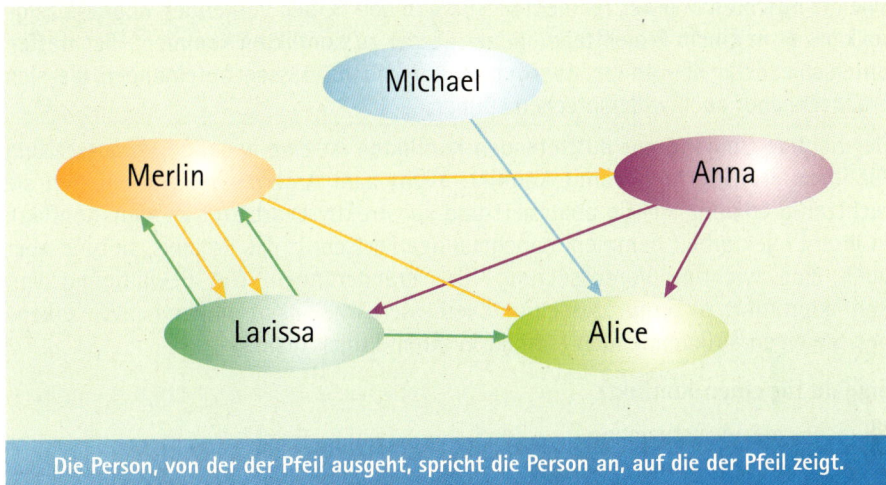

Die Person, von der der Pfeil ausgeht, spricht die Person an, auf die der Pfeil zeigt.

Beispiel eines Soziogramms aus einer Teamsitzung

Wenn Ihnen ein solches Soziogramm vorliegt, dann sollten Sie es auch analysieren: Sie erkennen, dass Merlin und Larissa stark miteinander kommunizieren, während Alice passiv die Meinungen der anderen Gruppenmitglieder aufnimmt, aber keine aktiven Gesprächsbeiträge liefert. Sehr deutlich wird, dass Michael kaum etwas zur Kommunikation beiträgt. Auch Anna hält sich weitgehend zurück. Ohne die Teammitglieder zu befragen, kann man nur eine vage Diagnose für dieses Kommunikationsverhalten stellen. Vielleicht versuchen Sie es einmal?

ARBEITSAUFTRAG

Interpretieren Sie das vorliegende Soziogramm. Versuchen Sie das Kommunikationsverhalten der Teammitglieder zu erklären.

Damit Sie auf eine positive Teamentwicklung aktiv einwirken können, sollten Sie den tatsächlichen Grund für das Verhalten der Teammitglieder herausfinden. Dies gelingt Ihnen am besten mit einem Fragebogen, den Sie selbst individuell entwickeln und auf Ihre Rahmenbedingungen abstimmen können.

Auf der CD finden Sie einen Vorschlag für einen Fragebogen im Ordner „Vorlagen" mit dem Titel „Fragebogen-Einstellung zum Team".

Wenn Sie mittels des Fragebogens die Gründe für ein negatives Gruppenverhalten des einen oder anderen Teampartners analysiert haben, dann sollten Sie mit Ihrem gesamten Team gemeinsam auf positive Verhaltensänderungen hinwirken. Gerade diese gruppendynamischen Prozesse sind wichtige Schritte zur Teamfähigkeit und damit zu Ihrer Projektkompetenz.

5.7.6 Wie gehen Sie mit Konflikten in Ihrem Projektteam um?

Wie die Beschreibung der Teamentwicklung in den beiden vorherigen Kapiteln zeigte, kann es in einem Projektteam immer wieder zu Konflikten kommen. Hier treffen unterschiedliche Kenntnisse, Werthaltungen und Interessen aufeinander, die sich ergänzen, aber auch widersprechen können.

Der richtige Umgang mit auftretenden Konflikten ist eine wichtige Voraussetzung für Ihren Projekterfolg. Damit Konflikte nicht zum Ärgernis werden, müssen sie rechtzeitig erkannt, richtig analysiert und konstruktiv bearbeitet werden. Konflikte in Ihrer Projektarbeit hemmen manchmal den Fortschritt des Projekts, sie sind aber auch eine wichtige Voraussetzung für Veränderungen. Die Bewältigung von Konflikten führt zu Lernprozessen und verbessert Ihre Sozialkompetenz. Wie erkennen Sie einen aufkommenden Konflikt in Ihrem Projektteam?

Signale für einen Konflikt:

- Schlechte Teamstimmung
  - aggressiver Kommunikationsstil
  - verhärtete Diskussionen
  - Killerphrasen werden gebraucht
  - Themen werden zerredet
  - keine Kompromissbereitschaft
- Zurückziehen von Teammitgliedern
  - Weigerung, Aufgaben zu übernehmen
  - Abwesenheit
  - Unaufmerksamkeit
  - Passivität
- nicht eingehaltene Vereinbarungen
  - Unpünktlichkeit
  - Unzuverlässigkeit

Gibt es Konflikte im Projektteam?

Die Konfliktbewältigung ist ein wichtiger sozialer Prozess in Ihrer Projektarbeit. Deshalb sollten Sie hierzu gemeinsam mit den anderen Projektteilnehmern auch in der Lage sein.

HINWEISE/TIPPS

- Wenn Sie Konflikte konstruktiv lösen wollen, dann müssen Sie aktiv etwas unternehmen – je früher, desto besser.

- Konflikte lösen bedeutet Einstellungen und Verhaltensweisen ändern. Dies ist nur durch einen Lernprozess der Beteiligten möglich.

- Konflikte können nicht von einer Person allein gelöst werden. Versuchen Sie deshalb, die Bereitschaft der Betroffenen zu wecken, dass sie an der gemeinsamen Konfliktlösung mitarbeiten.

5.7.7 Wie können Probleme im Projektteam gelöst werden?

Um das Projektziel erfolgreich erreichen zu können, müssen in einem Projektteam häufig Probleme gelöst werden. Die Teamarbeit zeichnet sich dadurch aus, dass mehrere Personen unterschiedliche Fähigkeiten haben und deshalb eine problemorientierte Aufgabe besser lösen können als eine Einzelperson.

Im Projektablauf sind unterschiedliche Arten von Problemen zu lösen. Deshalb sollte man zwischen den **eher kreativen Ideensammlungen** (vgl. „Informelle Phase" und „Definitionsphase") und den **konkreten problemorientierten**, eher kognitiven **Lösungsansätzen** (vgl. „Realisationsphase") unterscheiden. Die kreativen Ideensammlungen werden im Kapitel 5.1 Planungs- und Problemlösungstechniken näher beschrieben. Damit Sie in Ihrem Team bei den Problemlösungen erfolgreich sind, sollten Sie einige Regeln mit den anderen Teammitgliedern vereinbaren und beachten.

SPIELREGELN in Problemlösungsteams:

Bei **eher kreativen** Ideenfindungen:

- Quantität geht vor Qualität – je mehr Ideen gefunden werden, desto größer ist die Chance, dass eine wertvolle Anregung darunter ist.
- Spinnen ist erlaubt und erwünscht, d. h., verrückte und ungewöhnliche Ideen sollen geäußert werden.
- In einem Team gibt es kein Copyright für eine Idee, sie gehört der ganzen Gruppe.
- Die Ideensuche und die Ideenkritik sollten voneinander getrennt werden. Deshalb sollten bei der Ideensuche keine Kritik und Bewertung erfolgen.
- Ideen sollten nur kurz beschrieben werden, um sie nicht zu zerreden.
- Sie sollten Killerphrasen vermeiden, wie z. B.: „Daraus wird nie etwas!", „Das geht nicht, weil ...!" u. a.

Bei **konkreten problemorientierten** Lösungsansätzen:

- Drücken Sie sich genau aus und fragen Sie nach, wie es die anderen verstanden haben.

Fortsetzung nächste Seite.

- Sie sollten die Bedeutung von Begriffen klären, damit es zu keinen unterschiedlichen Begriffsdeutungen in Ihrer Gruppe kommen kann.

- Jedes Gruppenmitglied sollte seine eigenen Wissensgrenzen erkennen und das Wissen der anderen nutzen.

- Machen Sie deutliche Unterschiede zwischen Wissen, Interpretationen, Meinungen und Annahmen.

- Stellen Sie zuerst alle verfügbaren Informationen zusammen, bevor Sie urteilen oder Schlussfolgerungen ziehen.

- Halten Sie die Diskussionsordnung ein (vgl. Kapitel 5.8.2.2).

- Teilen Sie der Gruppe Ihre persönlichen Standpunkte mit.

- Arbeiten Sie so, dass evtl. Nachfolgende nahtlos weitermachen können.

- Verschaffen Sie sich einen Überblick über die Arbeitsmengen und legen Sie daraus eine Arbeitsteilung fest.

5.8 Kommunikation

Da an einem Projekt mehrere Menschen beteiligt sind, müssen diese miteinander kommunizieren. Die Kommunikation ist in jeder Projektphase wichtig und hat auch für die verschiedenen Projektbeurteilungen eine große Bedeutung. Deshalb sollten Sie sich mit diesem Themenbereich intensiv beschäftigen.

5.8.1 Grundlagen der Kommunikation

5.8.1.1 Verbale Kommunikation

Bei jeder Kommunikation gibt es einen oder mehrere „Sender" und einen oder mehrere „Empfänger" einer Nachricht. Sie sollten dabei beachten, dass das Gesagte nicht immer das Gemeinte ist. Denn eine gesendete Nachricht hat vier Seiten. Aus Sicht des Empfängers einer Nachricht entwickelte Schulz von Thun das Kommunikationsmodell der „Vier Ohren". Dies besagt, dass der Empfänger eine gesendete Information mit „vier Ohren hört".

Verbale Kommunikation

Das Hören einer Information mit vier Ohren:

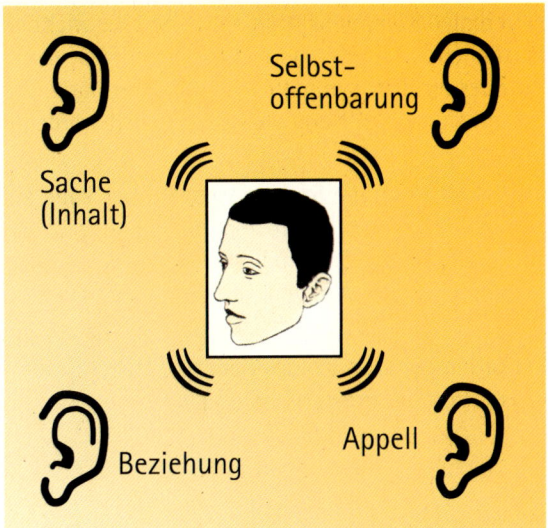

Das 4-Ohren-Modell

Was bedeutet dies für Ihre Projektarbeit?

Der Empfänger hat die Auswahl zwischen der Sachebene, der Selbstoffenbarungsebene, der Beziehungsebene und der Appellebene. Verschiedene Empfänger der gleichen Information können dieser unterschiedliche Bedeutungen beimessen. Die vier Seiten einer Nachricht können im Merkwort **BASS** zusammengefasst werden:

Beziehungsseite   – **Wie** ich zu dir stehe ...
Appellseite   – **Wozu** ich dich veranlassen möchte ...
Selbstmitteilungsseite – **Was** ich von mir mitteile ...
Sachseite   – **Worüber** ich dich informiere ...

Im Rahmen Ihrer Projektarbeit sollten Sie diese Erkenntnis bei Diskussionen in Arbeitsgruppen und im Plenum sowie bei Ihrer Präsentation berücksichtigen:

REGEL

Vierseitig hören – vierseitig reden!

Merken Sie sich bei der Kommunikation mit Ihren Projektteilnehmern die Erkenntnis von Konrad Lorenz:

HINWEISE/TIPPS

- Gesagt bedeutet noch nicht gehört.
- Gehört bedeutet noch nicht verstanden.
- Verstanden bedeutet noch nicht einverstanden.
- Einverstanden bedeutet noch nicht behalten.
- Behalten bedeutet noch nicht angewandt.
- Angewandt bedeutet noch nicht beibehalten.

Welche Bedeutung hat Ihre Stimme?

Ihre Stimme spielt im Rahmen der verbalen Kommunikation natürlich eine wichtige Rolle. Sie ist ein Ausdruck Ihrer Persönlichkeit – sie kann nicht lügen. Oft ist es die Stimme, die einen Menschen mehr oder weniger sympathisch erscheinen lässt. Die Stimme ist zwar angeboren, doch kann sie geschult und weiterentwickelt werden – denken Sie an Schauspieler und Sänger.

Hatten Sie schon einmal das Gefühl, dass Ihnen die Stimme versagt? Das kann bei großer Aufregung passieren. Man will zwar nach außen hin ruhig und gelassen erscheinen, doch alle Selbstbeherrschung nutzt nichts mehr. Die Stimme verrät die individuelle Stimmung und sie bestimmt die Wirkung, die man bei anderen Menschen erzielt.

Zum Bereich der verbalen Kommunikation gehört auch das Reden vor einer Gruppe. Hierauf geht das Kapitel 5.11 „Präsentation des Projekts" näher ein.

5.8.1.2 Kommunikation durch Körpersprache

Wenn mehr als eine Person zusammen sind, dann gilt der Ausspruch:

„Man kann nicht nicht kommunizieren."

Kommunikation findet immer statt.

ARBEITSAUFTRAG

Arbeitsauftrag zum Ausspruch „Man kann nicht nicht kommunizieren".

Beantworten Sie bitte für sich selbst oder diskutieren Sie in Ihrer Arbeitsgruppe die beiden folgenden Fragen:

1. Was bedeutet diese Aussage im Rahmen des Kommunikationsprozesses?

2. Welche Bedeutung hat diese Aussage für die Projektarbeit?

Zur Erledigung dieses Arbeitsauftrags kann Ihnen ein Arbeitsblatt behilflich sein. Sie finden es auf der CD im Ordner „Arbeitsblätter" in der Datei „Kommunikation".

Kommunikation ist mehr als Sprechen und Zuhören. Kommunikationsprozesse laufen auch nonverbal ab. Alle diese nonverbalen Signale werden unter dem Begriff **Körpersprache** zusammengefasst.

974084

Im Folgenden werden ein paar wichtige Bereiche von **nonverbalem Verhalten** aufgezeigt:

Blickkontakt

Über den Blick nimmt man erste Kontakte zu seinen Kommunikationspartnern auf.
Damit signalisiert man Wertschätzung, Zuneigung, Ablehnung oder Feindseligkeit.
Man kann jemanden mit blitzenden, warmen, bestimmten, strahlenden oder eisigen
Augen anschauen. Blicke sind schwer bewusst einzusetzen. Sie verraten deshalb viel
über die Persönlichkeit und Befindlichkeit der jeweiligen Person.

Unterhalten sich zwei Menschen,
dann kann man häufig feststellen,
dass der Sprechende zunächst seinem Gegenüber intensiv ins Gesicht
schaut. Im weiteren Verlauf des
Gesprächs sieht er irgendwo anders
hin. Erst gegen Ende seiner Ausführungen kommt sein Blick wieder
zum Gesprächspartner zurück um
die Wirkung seiner Worte zu überprüfen. In gleicher Weise verhält
sich sein Gesprächspartner.

Sprechen vor der Gruppe mit Blickkontakt

Beim Sprechen vor einer größeren
Gruppe fühlen sich ungeübte Red-
ner durch die vielen Blicke, die auf
sie gerichtet sind, unsicher. Sie bli-
cken deshalb oft in die Luft oder auf das Manuskript, ohne zu den Zuhörern einen
Blickkontakt zu halten. Trifft das auch auf Sie zu, dann können Sie die Aufnahme
des Blickkontakts dadurch trainieren, dass Sie gezielt ganz bestimmte Personen aus
der Gruppe anschauen. Diese sollten Sie jedoch nicht zu lange anschauen, sondern
immer wieder zu anderen Personen wechseln. Dabei sollten Sie allerdings einen
Scheibenwischerblick vermeiden, bei dem alle Zuhörer nur flüchtig und unbewusst
angesehen werden.

Haltung – Körperstellung

Ihre Körperhaltung sendet ebenfalls nonverbale Signale an andere Menschen. Hierzu
gehört die Art, wie Sie stehen, sitzen oder sich bewegen. Im Rahmen der Projektarbeit ist besonders bei Ihrer Präsentation die richtige Körperstellung wichtig.
Achten Sie deshalb bei einem Vortrag oder einer Präsentation bitte auf folgende
Punkte:

HINWEISE/TIPPS

- Wandern Sie nicht ständig hin und her, sondern wechseln Sie nur den Platz,
  wenn Sie weitere Medien einsetzen.
- Verstärken Sie während des Platzwechsels den Blickkontakt zur Gruppe.
- Verstecken Sie sich nicht hinter einem Tisch oder anderen Gegenständen.

Die richtige Körperhaltung

Proxemisches Verhalten

Im Rahmen des nonverbalen Verhaltens sollten Sie sich auch Ihr unbewusstes Verhalten bei der Kommunikation bewusst machen. Jeder Mensch hat einen unsichtbaren Schutzraum um sich herum aufgebaut. Wenn eine andere Person darin eindringt, fühlt man sich bedroht.

Hierzu ein paar interessante Beispiele, bei denen Sie vielleicht Ihre eigenen Verhaltensweisen wieder finden können:

- Wenn eine Person in ein Wartezimmer kommt, in dem bereits jemand anderes in einer Ecke sitzt, nimmt die hereinkommende Person gegenüber der anwesenden Person an dem am weitesten entfernten Punkt im Wartezimmer Platz.

- Manchmal wird der unsichtbare Schutzraum zwangsläufig durchbrochen, wie z. B. in einem überfüllten Bus oder in einem voll besetzten Fahrstuhl. Ein Mensch reagiert dadurch, dass er die anderen als Unpersonen behandelt. Diese werden bewusst ignoriert. Man starrt an die Decke oder auf den Boden und reduziert seine Körperbewegungen auf ein Minimum.

- Im Theater, Kino oder Flugzeug, wo zwei fremde Personen nebeneinander sitzen, kommt es anfänglich zu kleinen Feindschaftsbezeigungen mit dem Nachbarn, da man z. B. herausfinden möchte, wie die gemeinsame Armlehne benutzt werden soll.

Wenn Sie wollen, dass sich Ihre Kommunikationspartner bei Ihnen wohl fühlen, sollten Sie folgende Distanzzonen berücksichtigen:

- Die **Ansprechdistanz**: Sie beträgt drei bis vier Meter und sollte nicht unterschritten werden, wenn man eine größere Gruppe ansprechen möchte.

- Die **persönliche Distanz**: Sie beträgt 0,60 – 1,50 Meter. Sie sollten in diesen Raum dann eindringen, wenn Sie einen persönlichen Kontakt zu Ihrem Gesprächspartner aufnehmen wollen. In dieser Distanz wirkt man normalerweise nicht aufdringlich.

■ Die **Intimdistanz**: Sie betrifft den Bereich von weniger als 0,60 Metern. Die Verletzung der Intimdistanz wird als sehr aufdringlich empfunden. Normalerweise wird sie automatisch eingehalten und gewährt.

Mimik

Ein ganz wichtiges Mittel der nonverbalen Kommunikation ist die Mimik – also der Gesichtsausdruck. Damit senden Sie Ihrem Gesprächspartner wichtige Signale über Ihre eigene Grundeinstellung, wodurch Sie diesen wiederum beeinflussen können. Ihr Gesprächspartner nimmt dadurch wahr, was Sie ihm nonverbal mitteilen wollen.

Nonverbale Kommunikation durch Mimik

ARBEITSAUFTRAG

Versuchen Sie bitte die folgenden Gesichtsausdrücke zu deuten – was geht möglicherweise im Kopf dieses Menschen vor:

- Er hebt die Augenbrauen an.
- Er runzelt die Stirn.
- Er lächelt und zwinkert mit den Augen.
- Er öffnet den Mund.
- Er hebt die Mundwinkel an.
- Er presst die Lippen zusammen.

Ein Arbeitsblatt und eine mögliche Deutung dieser Gesichtsausdrücke finden Sie auf der CD im Ordner „Arbeitsblätter" in der Datei „Nonverbale Kommunikation".

Gestik

Die Gestik bezieht sich hauptsächlich auf die Hände. Damit verrät man dem Gesprächspartner – wie auch bei der Mimik – viel über die eigene Persönlichkeit und das momentane Befinden.

Körpersprache durch Gestik

Mit der richtigen Gestik können Sie Ihre verbalen Ausführungen verstärken, sie veranschaulichen und ihnen eine höhere Bedeutung zukommen lassen. So versucht die Referentin auf der Abbildung (der vorherigen Seite) mit ihrer Gestik eine komplizierte Darlehensberechnung zu erklären.

In der folgenden Tabelle finden Sie ein paar ausgewählte Körpersignale durch Gestik und deren entschlüsselte Bedeutungen.

Körpersignale durch Gestik	Mögliche Bedeutung
Die Arme vor der Brust verschränken.	Abwarten, Ablehnung, Suche nach Geborgenheit, sich unter Kontrolle halten
Die Hände vor der Brust falten.	Verkrampfung, Unsicherheit
Weite Armbewegungen vollziehen.	Sicherheit
Kurze, enge, andeutende Hand- und Armbewegungen machen.	Unsicherheit
Mit den Händen ein Spitzdach in Richtung des Gesprächspartners formen.	Ich wehre mich gegen jeden Einwand.
Sich die Hände reiben. – schnell – langsam	Schadenfreude Zufriedenheit, Freude
Die Hand zur Faust verkrampfen.	Zorn, verhaltener Zorn
Die Hände in die Hüfte stemmen.	Imponiergehabe, Überlegenheitsgefühl, Entrüstung
Die Hände in die Hosentasche stecken.	Entspannung, Arroganz
Den Zeigefinger heben.	Belehrung, Tadel

Körpersignale durch Gestik – aus: Heidemann 1999, S. 108 – 109

Die Bedeutung der nonverbalen Kommunikation unterstreicht, dass etwa zwei Drittel der menschlichen Kommunikation ohne Worte stattfinden. Diese zum Teil unbewussten Signale werden von fast allen Menschen in allen Kulturkreisen gleich entschlüsselt. Um Körpersignale eindeutig entschlüsseln und eine bestimmte Botschaft herauslesen zu können, müssen mindestens **drei gleichgerichtete** Signale ausgesandt werden. Weshalb ist dies von Bedeutung?

Durch absichtlich ausgesendete Signale kann man versuchen seinen Kommunikationspartner in eine bestimmte Richtung zu beeinflussen. Dabei kann man leicht ein paar zusammenhängende Signale vergessen. Wenn man sich z. B. einredet, dass es wieder einmal an der Zeit wäre zu lächeln, kann man dies den Mundwinkeln befehlen. Damit wird aber nur ein Körpersignal bewusst eingesetzt. Ist die Grundstimmung bei der Person jedoch nicht zum Lachen, werden die Augen und andere Gesichtspartien keine freundlichen Signale senden. Das bewusste Signal „Mundwinkel hochziehen" wirkt als ein „verlogenes Lachen". Es fehlen mindestens noch zwei Signale, die in die Richtung Freundlichkeit und Lachen gehen, damit daraus vom Kommunikationspartner eine echte, gewünschte Botschaft entschlüsselt werden kann.

Nachdem Sie die Wirkungen der Körpersprache kennen gelernt haben, können Sie diese ganz bewusst im Rahmen Ihrer Projektarbeit anwenden. Entweder setzen Sie in der Kommunikation mit Ihren Teammitgliedern gezielt nonverbale Signale ein oder aber Sie können nunmehr die empfangenen zumindest grob entschlüsseln.

5.8.1.3 Die Ebenen der Kommunikation

Jeder Kommunikationsprozess spielt sich auf zwei Ebenen ab, die sich wechselseitig beeinflussen:

- Die **Sachebene**: Das ist die Ebene der verstandesmäßigen Leistungen und sachlich-inhaltlichen Probleme.
- Die **Gefühlsebene**: Das ist die Ebene der Emotionen und Stimmungen.

Wechselseitige Beeinflussung im Kommunikationsprozess

Erkenntnisse:

- Wenn die Gefühlsebene durch unausgesprochene Störungen, unausgetragene Konflikte, gegenseitigem Kampf um Anerkennung und Profilierung gekennzeichnet ist, leidet auch die Sachebene darunter. So können sich z. B. Missverständnisse häufen, die Arbeitslust sinken, es wird aneinander vorbeigeredet oder Entscheidungsfindungen werden erschwert.

- Wenn die Gefühlsebene geklärt ist, rückt sie in den Hintergrund. Sie trägt dann zu einem guten Kommunikationsklima bei, in dem sachliche Fragen gut beantwortet und Probleme gut gelöst werden können.

- Störungen auf der Gefühlsebene werden gewöhnlich nur als Störungen auf der Sachebene wirksam und sichtbar. Die Störungen auf der Sachebene sind oft verlagerte Beziehungsstörungen, denn meist bewegt man sich bei Kommunikationsprozessen auf der Sachebene („Bitte bleiben Sie doch sachlich!"). So werden häufig Vorwände gebracht, als wären sie von der Sachebene, kommen jedoch von der Beziehungsebene. Die stärkeren Pfeile in der Abbildung verdeutlichen, dass Gefühle die Sachebene mehr bestimmen als umgekehrt.

5.8.2 Kommunikation im Team

5.8.2.1 Kommunikationsregeln

Da die Teamarbeit insbesondere durch die Kommunikation der Gruppenmitglieder untereinander gekennzeichnet ist, sollten Sie hierbei einige KOMMUNIKATIONSREGELN beachten:

- Sprechen Sie in der ICH-Form , sagen Sie nicht MAN und verallgemeinern Sie nicht, sondern formulieren Sie persönliche Aussagen.
- Vermeiden Sie Seitengespräche – Nebenthemen sollten aber ernst genommen und beachtet werden.
- Es sollte immer nur eine Person reden – die anderen Gruppenmitglieder hören zu.
- Interpretieren Sie das Verhalten von anderen Gruppenmitgliedern nicht – fragen Sie bei Vermutungen nach.
- Beachten Sie nonverbale Signale bei sich und den anderen Gruppenmitgliedern.
- Wenn Sie etwas anderes stark beschäftigt und Sie dadurch nicht mitarbeiten können, teilen Sie es der Gruppe mit.
- Sprechen Sie die Gruppenmitglieder direkt an statt über sie zu reden.
- Haben Sie Geduld mit sich und den anderen.
- Haben Sie den Mut, Probleme in die Gruppe zu geben.
- Seien Sie tolerant, akzeptieren Sie die Situation der anderen und gehen Sie darauf ein.
- Haben Sie den Mut, eigene Schwächen zuzugeben und um Hilfe zu bitten.

Ein ganz wichtiges Kommunikationsverhalten ist das Zuhören können bei der Kommunikation.

Zuhören
aus: taz vom 5. Juni 1991

Im Rahmen Ihrer Projektarbeit ist ein aktives und erfolgreiches Zuhören immer wieder von Bedeutung. Deshalb speziell hierfür ein paar REGELN:

- Reden Sie höchstens halb so viel wie Ihr Gesprächspartner.
- Wer über sich selbst redet, langweilt den anderen. Wer den anderen über sich selbst reden lässt, begeistert ihn.
- Sie können jemandem kaum ein größeres Kompliment machen, als ihm intensiv und aufmerksam zuzuhören.
- Wem Sie geduldig zuhören, der fühlt sich verpflichtet auch Ihre Worte ernst zu nehmen.
- Wem Sie aufmerksam zuhören, dem zeigen Sie, dass Sie ihn ernst nehmen und schätzen.
- Wer zuhört, lernt – wer selbst redet, bleibt auf demselben Stand.
- Zuhören ist eine aktive Tätigkeit. Es erfordert Konzentration, Willenskraft, Selbstdisziplin und Energie.
- Denken Sie an nichts anderes, konzentrieren Sie sich auf Ihren Gesprächspartner. Hören Sie in ihn hinein.
- Entscheiden Sie nicht gleich zu Beginn, dass alles, was Ihr Gesprächspartner bringt, uninteressant und falsch ist.
- Geben Sie Ihrem Partner einen Wohlwollens-Vorschuss. Wenn er dies merkt, wird er gelöster, präziser und überzeugender.

5.8.2.2 Die Diskussion

Was versteht man unter einer Diskussion?

Eine der häufigsten Kommunikationsart ist die Diskussion in der Gruppe. Eine Diskussion wird dann geführt, wenn Auffassungen über einen Sachverhalt strittig sind. Um dennoch zu einer Entscheidung zu kommen, müssen Argumente ausgetauscht werden. Hierbei wird eine Behauptung mit einer Begründung, mittels eines Beweises oder eines Beispiels gestützt.

In einer Diskussion sind eine Vielzahl von Argumentationstechniken möglich, wie zum Beispiel:

- Beleg anhand von Daten, Zahlen und Fakten,
- Zitate von bekannten Persönlichkeiten und Fachleuten,
- Sachverhalte der Gegenwart mit jenen der Vergangenheit oder der Zukunft vergleichen,
- Mängel des Partners vergrößern,
- Zustimmung mit kleinen Schritten anstreben,
- sachliche Argumente mit Gefühlen überlagern,
- nur zwei Möglichkeiten aufzeigen.

Wie beteiligen Sie sich an einer Diskussion?

Für ein erfolgreiches Diskutieren sollten Sie die Regeln für das Verhalten in einer Gruppe und die Regeln der Kommunikation beachten. Wichtig ist, dass Sie den

Diskussionspartner verstehen und seine Meinung akzeptieren, auch wenn Sie nicht unbedingt mit dem Inhalt seiner Aussagen einverstanden sind. Jeder Teilnehmer an der Diskussion sollte bereit sein seine Meinung zu überdenken und eventuell auch zum Gesamtwohl der Gruppe zu ändern. Viele Diskussionen scheitern daran, dass die Spielregeln nicht eingehalten werden. Deshalb ist es sinnvoll, solche klar herauszuheben.

REGELN

Die Diskussionsteilnehmer sollen

- einen Diskussionsleiter und einen Protokollanten bestimmen,
- einen Redebeitrag erkennbar anmelden,
- die anderen Diskussionspartner respektieren,
- zielgerichtet diskutieren,
- sachlich und fair argumentieren,
- Einzelfälle nicht verallgemeinern,
- Tatsachen und eigene Meinungen unterscheiden,
- den anderen nicht mundtot machen – keine Killerphrasen bringen,
- den anderen ausreden lassen,
- aktiv zuhören,
- klar und deutlich sprechen,
- keine Prestige-Diskussionen führen,
- eine freundliche innere Grundeinstellung zu den anderen Diskussions-teilnehmern haben und auch ausstrahlen,
- sich in andere und deren Argumentationen hineinversetzen können.

ARBEITSAUFTRAG

Arbeitsauftrag zum einführenden Projektbeispiel:

Suchen Sie jeweils Argumente für (pro) bzw. gegen (kontra) die „Einführung eines neuen Aus- und Weiterbildungssystems" in dem Industriebetrieb aus dem Projektbeispiel.

Hierfür finden Sie ein Arbeitsblatt auf der CD im Ordner „Arbeitsblätter" in der Datei „Diskussion".

Wie leiten Sie eine Diskussion?

Da es sinnvoll ist, innerhalb eines Projekts die Aufgaben unter den Teammitgliedern zu wechseln, sollte jeder Teilnehmer in der Lage sein eine Diskussion zu leiten. Deshalb hier ein paar Hinweise, wie Sie eine Diskussion erfolgreich leiten:

Zunächst sollten Sie die Diskussion vorbereiten:

- Eigene Ziele, Prioritäten und Ausweichmöglichkeiten festlegen, wie z. B.:
  - Ein Problem lösen.   – Veränderungen anstreben.
  - Übereinstimmungen erzielen.   – Die Gesprächspartner besser verstehen.
  - Ein gemeinsames Ziel vereinbaren.
- Die Ziele, Prioritäten und Ausweichmöglichkeiten der Gesprächspartner überlegen.

- Die Persönlichkeiten der Gesprächspartner berücksichtigen und ihnen Erfolgserlebnisse ermöglichen.
- Inhaltliche Vorbereitung treffen, wie z. B.:
  - Welche Informationen habe ich und welche nicht?
  - Welche Informationen haben die Gesprächspartner und welche nicht?
  - Welche Informationen muss ich bringen und welche darf ich nicht bringen?
  - Welche Unterlagen muss ich wann den Gesprächspartnern geben?

AUFGABEN EINES DISKUSSIONSLEITERS:

- Das Gespräch bzw. die Diskussion vorbereiten.
- Die Sitzordnung festlegen.
- Den äußeren Rahmen vorbereiten.
- Die Verfahrensweise klären, wie z. B. in einem Gespräch oder in einer Diskussion ein Problem gelöst werden soll.
- Teilziele, die zum Endziel führen, anstreben.
- Dafür sorgen, dass die Teilergebnisse festgehalten werden (durch den Protokollführer).
- Das Endergebnis feststellen und dafür sorgen, dass es festgehalten wird (Protokollführer).

REGELN ZUM ENTSCHEIDUNGSVERHALTEN IN EINER GRUPPE

Am Ende einer Diskussion sollten meistens Entscheidungen getroffen werden.

- Den Sachverhalt klären und nicht gleich Stellungnahmen abgeben.
- Jedes Gruppenmitglied muss an der Entscheidungsfindung beteiligt werden.
- Jedes Gruppenmitglied muss die Entscheidung mittragen.
- Jedes Gruppenmitglied soll mit der Entscheidung leben können.
- In der Gruppe sollte möglichst Einmütigkeit erreicht werden – Mehrheitsentscheidungen sollten vermieden werden.
- Die Entscheidung kann auch eine Lösung auf Zeit sein – auf Probe.
- Die Entscheidung sollte zusammengefasst und dafür gesorgt werden, dass jedes Gruppenmitglied sie mitbekommt.
- Nach der Entscheidung erfolgt deren Umsetzung.

5.8.2.3 Feedback

Was versteht man unter Feedback?

Sollen Sie anderen Gruppenmitgliedern ein Feedback geben, dann versteht man darunter

- eine Mitteilung von Ihnen, die andere Gruppenmitglieder darüber informiert, wie deren Verhalten von Ihnen wahrgenommen, verstanden und erlebt werden.

■ eine Mitteilung von Ihnen, die andere Gruppenmitglieder darüber informiert, welche Absichten, Ziele, Wünsche und Gefühle Sie in einer bestimmten Situation haben.

Wenn Sie von anderen Gruppenmitgliedern ein Feedback erhalten, dann versteht man darunter

■ eine Rückmeldung (verbal oder nonverbal) von anderen Gruppenmitgliedern an Sie über die Wirkung Ihres Verhaltens auf diese.

Welche Funktionen hat Feedback?

■ Das Feedback verstärkt positive Verhaltensweisen, indem diese benannt und anerkannt werden.
■ Das Feedback ermöglicht es, die eigenen negativen Verhaltensweisen zu korrigieren, die die beabsichtigte Wirkung nicht erreichen.
■ Das Feedback kann helfen die Beziehungen zwischen Personen zu klären.
■ Das Feedback ist ein Regulator für Personen oder Personengruppen (Systeme), der dazu beitragen kann, ein Gleichgewicht herzustellen und zu erhalten.
■ Das Feedback fördert die Zusammenarbeit mit anderen.
■ Durch das Feedback kann der richtige Umgang mit Kritik trainiert werden.
■ Beim Feedback kann das Zuhören geübt werden.
■ Durch das Feedback kann das Selbst- und Fremdbild verglichen werden.

Selbstbild – Fremdbild

Zu der wichtigen Funktion des Feedbacks, das Selbst- und Fremdbild vergleichen zu können, sollten Sie sich über die begrifflichen Bedeutungen Klarheit verschaffen:

■ **Selbstbild:** Sie haben von sich selbst ein Bild oder eine Meinung darüber, welche Stärken und Schwächen Sie sich zuschreiben, wie Sie gerne sein möchten, welche Einstellungen Sie haben und wie Sie glauben auf andere zu wirken. Dieses Selbstbild ist ein Teil Ihrer Wirklichkeit und beeinflusst Ihr Verhalten anderen Menschen gegenüber.
■ **Fremdbild:** Andere Menschen wie z. B. Familienangehörige, Verwandte, Freunde, Kollegen und Mitschüler machen sich ihrerseits ein Bild von Ihnen. Dieses Bild ist ein Teil ihrer subjektiven Realität und somit für deren Verhalten Ihnen gegenüber relevant.

Der Vergleich von Selbst- und Fremdbild kann Gemeinsamkeiten zeigen, weist aber auch Unterschiede auf. Dies soll mit der folgenden Grafik verdeutlicht werden:

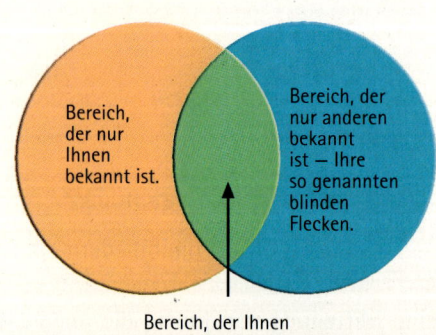

Vergleich von Selbstbild und Fremdbild

974094

Die blinden Flecke sind Verhaltensweisen und Wirkungen, die Ihnen selbst nicht bekannt sind, von anderen Menschen jedoch wahrgenommen werden. Durch das Feedback wird der Bereich, der Ihnen nicht bekannt ist, kleiner. Das bedeutet, dass die Schnittmenge und damit die Deckung von Ihrem Selbstbild und Fremdbild größer wird.

Die größere Deckung von Ihrem Selbstbild und Fremdbild bewirkt eine positive Veränderung Ihrer Beziehungen zu anderen Menschen, da Ihre Wirkung vermehrt Ihren Absichten entspricht. Entscheidend für diese Wirkung ist allein der Bereich, der den anderen bekannt ist. Gleichzeitig verringert sich bei der Vergrößerung der Schnittmenge Ihre Intimsphäre, also der Bereich, der nur Ihnen bekannt ist. Dadurch wird es anderen Menschen möglich, Ihnen näher zu kommen und Ihnen zu vertrauen.

Das Selbstwertgefühl eines Menschen hängt in hohem Maße von seinem Selbstbild ab. Deshalb gibt es Abwehrmechanismen, die dieses Selbstbild schützen. Sie selbst werden es im Rahmen Ihrer Projektarbeit erfahren, dass Sie sich gegen ein Feedback wehren, das Ihrem Selbstbild widerspricht. Dadurch nehmen Sie sich jedoch die Chance zur persönlichen Weiterentwicklung und zur bewussteren Gestaltung der sozialen Beziehungen zu Ihren Gruppenmitgliedern. Nur wenn Sie Feedback an sich heranlassen, es reflektieren und daraus lernen, können Sie zu neuen Entscheidungen kommen, sich verändern und einen großen Schritt in Richtung **Projektkompetenz** machen.

Das Publikum als Feedbackgeber

Regeln für Feedback im Projektablauf

Bei der Kommunikation innerhalb einer Arbeitsgruppe ist über den gesamten Projektablauf hinweg immer wieder ein Feedback notwendig. Ob es jedoch vom Feedbacknehmer auch angenommen wird, hängt zum großen Teil von der Form des Feedbacks ab. Nonverbale Reaktionen der Gruppenmitglieder haben den Nachteil der Mehrdeutigkeit, da sie den Adressaten Interpretationsspielräume bieten und dadurch häufig zu Missverständnissen führen. Deshalb ist es wichtig, Feedback direkt und in klarer sprachlicher Form auszudrücken.

Damit das Feedback seine wichtigen Funktionen im Hinblick auf die Förderung der **Projektkompetenz** erfüllen kann, sollten Sie die folgenden REGELN beachten:

Regeln für Feedbackgeber	Beispiele und Erläuterungen
Formulieren Sie Ihr Feedback als **Angebot**.	Zwingen Sie Ihrem Partner Feedback nicht auf. Achten Sie darauf, ob er sich in einer Situation befindet, in der er gut zuhören kann und aufnahmefähig ist.
Geben Sie Ihr Feedback **unmittelbar**, direkt im Anschluss an eine Beobachtung.	Wenn Ihr Partner aufnahmefähig ist, geben Sie Ihr Feedback zeitnah im Anschluss an das Verhalten, auf das Sie sich beziehen.
Beziehen Sie sich auf **konkrete, wahrnehmbare Verhaltensweisen** des Partners, die Sie selbst beobachtet haben.	Vermeiden Sie Verallgemeinerungen in Ihrem Feedback wie z. B. „Du hältst dich nie an die gemeinsamen Projektplanungen unserer Gruppe!" Interpretieren Sie in Ihren Partner keine Eigenschaften wie z. B. „Du bist unpünktlich!" Besser: „Du hast unsere gemeinsamen Gruppenentscheidungen verändert und bist bei unserer Projektaufgabe eigene Wege gegangen, ohne dies mit der Gruppe abzustimmen."
Beschreiben Sie die **Folgen**, die das Verhalten des Partners für Sie hat, und die **Gefühle**, die dadurch bei Ihnen ausgelöst werden.	Dadurch vermeiden Sie Beschuldigungen und Anklagen. Formulieren Sie z. B.: „Dadurch, dass du bei deiner Präsentation keinen Blickkontakt zum Publikum hältst und häufig zur Projektionswand schaust, fühle ich mich von dir nicht angesprochen."
Sprechen Sie in der **Ichform** – verwenden Sie Ichbotschaften.	Dadurch verdeutlichen Sie die Subjektivität Ihres Feedbacks und klären Ihre persönliche Beziehung mit dem Partner. Formulieren Sie deshalb Ihr Feedback nicht wie: „Du musst ...", „Du sollst ..." sondern besser wie: „Ich habe bemerkt ...,", „Ich habe den Eindruck", „Mir ist aufgefallen ...".
Sprechen Sie den Feedbacknehmer **direkt** an.	Der Feedbacknehmer sollte sich persönlich angesprochen fühlen und wissen, dass sich das Feedback auf ihn bezieht. Deshalb nicht in der dritten Person sprechen wie z. B.: „Man sollte sich an die Planungen der Projektgruppe halten."
Gestalten Sie Ihr Feedback **konstruktiv** und verknüpfen Sie es möglichst mit Verbesserungsvorschlägen.	Dadurch helfen Sie Ihrem Partner in seiner persönlichen Weiterentwicklung. Ein konstruktives Feedback auf der Sachebene könnte wie folgt lauten: „Ich denke, dass du bei deiner Präsentation noch etwas lauter und deutlicher reden solltest."
Beziehen Sie Ihr Feedback auf Verhaltensweisen, die **lern- oder veränderbar** sind.	Nur das Feedback, das es dem Partner ermöglicht, seine **Projektkompetenz** zu verbessern, ist sinnvoll. Es ist unmöglich, z. B. krankhafte Verhaltensweisen durch ein Feedback zu verändern. Eine Aussage wie „Ich denke, dass du dein Stottern abstellen solltest" bringt keine Hilfe für den Feedbacknehmer, sondern wirkt eher verletzend.

Regeln für Feedbackgeber

Feedback zu geben, bedeutet, sich auf einen gemeinsamen Veränderungsprozess einzulassen und nicht andere Menschen zu verändern.

974096

Drucken Sie bitte das Arbeitsblatt „Feedback-Umformulierung in Ich-Botschaften" auf der CD im Ordner „Arbeitsblätter" aus.

Formulieren Sie bitte die Äußerungen in die Ichform um.
<u>Lösungshinweis</u>: Lösungsvorschläge sind dem Arbeitsblatt beigefügt.

Auch für Feedbacknehmer gibt es hilfreiche REGELN, die positive Veränderungen der Beziehungen zu anderen Gruppenmitgliedern bewirken können:

Regeln für Feedbackgeber	Beispiele und Erläuterungen
Betrachten Sie das Feedback als **Chance** für Ihre persönliche Entwicklung.	Durch das Feedback lernen Sie Ihre Wirkung auf andere kennen und verstehen. Sie erfahren dadurch mehr über Ihren blinden Fleck.
Hören Sie dem Feedbackgeber aufmerksam **zu**.	Auch das Zuhören müssen Sie erst einmal lernen. Es ist nicht einfach, ruhig zu bleiben, wenn der Feedbackgeber Sie anders sieht, als Sie dies gerne hätten (vgl. hierzu Selbstbild – Fremdbild). Sie können sich zum Feedback Notizen machen.
Fragen Sie **nach**, wenn Ihnen etwas unklar ist.	Damit Sie aus dem Feedback etwas lernen können, müssen Sie es auch verstanden haben. Fragen Sie beim Feedbackgeber nach: „Wie hast du das gemeint?" oder „Könntest du das noch näher erläutern?".
Rechtfertigen und **verteidigen** Sie Ihr Verhalten **nicht**.	Dadurch sind Sie in der Lage, sich auf die Sachebene des Feedbacks zu konzentrieren. Eine Rechtfertigung oder Verteidigung Ihres Verhaltens würde Sie vom Inhalt des Feedbacks ablenken.
Verarbeiten Sie das Feedback in Ruhe und **beurteilen** Sie dann, ob Sie Ihr Verhalten ändern wollen.	Nicht jedes Feedback ist dazu geeignet, Ihr Verhalten anderen gegenüber zu verbessern. Auch Feedbackgeber können sich irren. Deshalb sortieren Sie für sich, welche Inhalte des Feedbacks Sie annehmen können und Sie persönlich fördern.
Bedanken Sie sich für das Feedback.	Denken Sie daran, dass das Feedback Ihnen hilft, Ihre Verhaltensweisen und Wirkungen zu verbessern. Auch wenn Sie manche Dinge anders sehen als die Feedbackgeber, sollten Sie sich bei ihnen für deren Mühe bedanken.

Regeln für Feedbacknehmer

Die Feedbackregeln finden Sie auf der CD im Ordner „Vorlagen" in den Dateien „Regeln für Feedbackgeber" und „Regeln für Feedbacknehmer". Diese können Sie ausdrucken und Ihren Teammitgliedern austeilen, damit sich jeder an diese Regeln hält.

Wenn Sie als Feedbacknehmer diese Regeln berücksichtigen, tragen Sie dazu bei, dass sich die positiven Wirkungen von Feedback auf die Zusammenarbeit in Ihrer Projektgruppe entfalten können. Um sicherzustellen, dass sich alle Projektteilnehmer an die Regeln halten, können Sie diese anschaulich zusammenfassen. Das folgende Bild zeigt eine Visualisierung der Regeln im Rahmen einer Projektpräsentation:

Die wichtigsten Feedbackregeln werden auf Flipchart-Papier visualisiert.

Feedback ist keine Technik, sondern eine Haltung, in der sich Wertschätzung und Partnerschaftlichkeit im Umgang miteinander ausdrücken.

5.9   Informationsbeschaffung und –auswertung

5.9.1   Erwerb von vernetztem Wissen

Die Projektarbeit ist dadurch charakterisiert, dass dabei meist mehrere Schulfächer und damit auch mehrere wissenschaftliche Disziplinen berührt werden. Häufig sind die Themenstellungen so offen gewählt, dass für den erfolgreichen Abschluss eines Projekts Informationen aus verschiedenen Wissensgebieten notwendig sind.

In der modernen beruflichen Aus- und Weiterbildung möchte man die Fächerbildung immer mehr durch Lernfelder und dem Lernen an betrieblichen Prozessen ersetzen. Dadurch sollen Sie als Lernender eine vernetzte Wissensstruktur aufbauen. Optimal ist es, wenn dieses vernetzte Wissen von Ihnen wie bei der Projektmethode weitgehend selbstständig erworben wird.

5.9.2 Wie beschaffen Sie sich die notwendigen Informationen?

Ganz am Anfang der Ablaufphase „Projektdurchführung" steht die Gruppenaufgabe „Informationen gewinnen". Sie ist eine wesentliche Voraussetzung für die Einhaltung festgelegter Termine im Projektablauf und auch für die inhaltliche Erarbeitung des jeweiligen Projekts. Es gibt mehrere Arten und Methoden der Informationsbeschaffung, die Sie in Ihrem Projekt anwenden können und die im Folgenden genauer beschrieben werden.

5.9.2.1 Informationsbeschaffung durch eine Sekundärerhebung

Wenn Sie für Ihr Projekt auf bereits vorhandenes Datenmaterial zurückgreifen, spricht man von einer Sekundärerhebung. Diese bereits vorliegenden Informationen können in Ihrem Unternehmen oder in Ihrer Bildungseinrichtung selbst oder aus externen Informationsquellen gewonnen werden.

Unternehmensinterne Quellen sind u. a. in Ihrem Unternehmen in Datenbanken gespeichert, wie z. B.:

- Kundendatei
- Lieferdatei
- Produktdatei
- Mitarbeiterdatei
- Technische Forschungsergebnisse

Für Ihre Projektarbeit stehen Ihnen außerdem eine Vielzahl von **externen** Informationsquellen zur Verfügung:

- Behörden
- Industrie- und Handelskammern
- Verbände
- Statistische Ämter
- Fachhochschulen
- Universitäten
- Forschungsinstitute
- Messen
- Bibliotheken
- Internet

Aus diesem umfangreichen Katalog von Informationsquellen werden Ihnen die wichtigsten Methoden der Informationsbeschaffung näher vorgestellt:

Informationen aus dem Internet

Das Internet bietet das größte Reservoir an Informationen. Diese Vielfalt macht es erforderlich, dass Sie bei der Informationsgewinnung systematisch vorgehen. Eine große Hilfe ist die Inanspruchnahme einer Suchmaschine. Diese sucht alle Texte,

Veröffentlichungen und Dokumentationen nach dem von Ihnen eingegebenen Stichwort durch und zeigt die Quellen an. Über einen Link können Sie dann die für Sie interessante Quelle öffnen. Sind diese Informationen für Ihre Projektarbeit hilfreich, können Sie diese als Datei herunterladen oder auf Papier ausdrucken lassen.

Hier eine Auswahl aus der Vielzahl von Suchmaschinen:

Altavista – www.altavista.com

Fireball – www.fireball.de

Google – www.google.de

Kolibri – www.kolibri.de

Lycos – www.lycos.de

Yahoo – www.yahoo.de

Wenn Sie beispielsweise die Internetadresse der Suchmaschine „Google" eingeben, erscheint folgende Startseite:

Startseite von der Suchmaschine Google im Internet

Auf dieser Startseite können Sie nun einen Suchbegriff eingeben. Die Suchmaschine bietet dann alle Dokumente an, die diesen Suchbegriff enthalten. Häufig sind es mehrere tausend Angebote. Diese können Sie durch die Eingabe von bestimmten Suchoptionen zielgerecht einschränken. Hierüber sollten Sie sich entsprechend der verwandten Suchmaschine informieren.

Wenn Sie sich für Ihre Projektarbeit z. B. näher über die Arbeitstechnik des Mindmappings informieren wollen, dann können Sie den Suchbegriff „Mindmap" eingeben und die Google-Suchmaschine liefert Ihnen eine Vielzahl von Links, über die Sie dann weitere Informationen zu diesem Thema erhalten.

Auf Ihrem Bildschirm erscheint nun die erste Seite mit den Suchergebnissen:

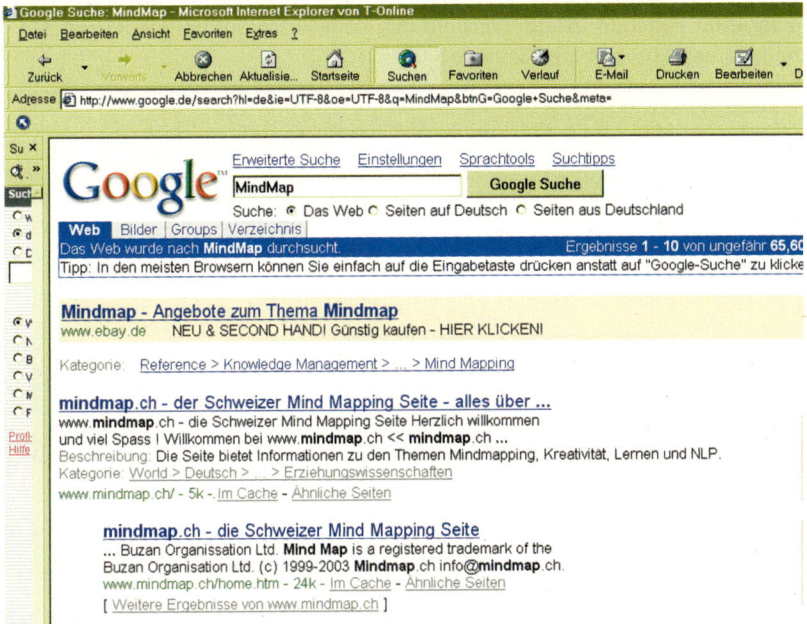

Internetsuche mit einem Suchbegriff

Wenn Sie nun die blaue Schrift anklicken, wird das dort hinterlegte Dokument geöffnet und Sie können überprüfen, ob es die von Ihnen gewünschten Informationen enthält. Sollten diese Informationen wahrscheinlich für Ihr Projekt hilfreich sein, können Sie diese über den „Druckbefehl" ausdrucken lassen.

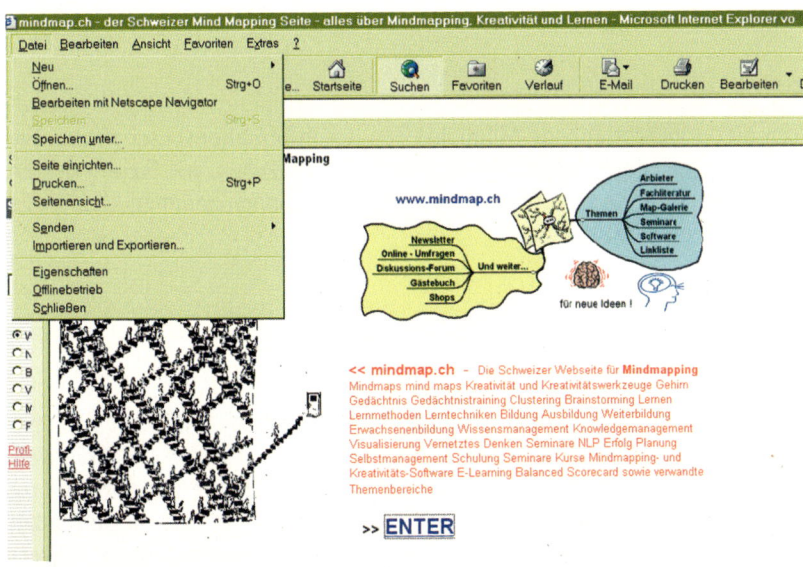

Drucken einer Internetseite

Wenn Sie jedoch die Datei für eine spätere Weiterverarbeitung am PC abspeichern wollen, können Sie über den Befehl „Speichern unter" das Dokument abspeichern bzw. die zugrunde liegende Internetverbindung, sodass Sie sofort wieder die entsprechende Internetseite aufrufen können.

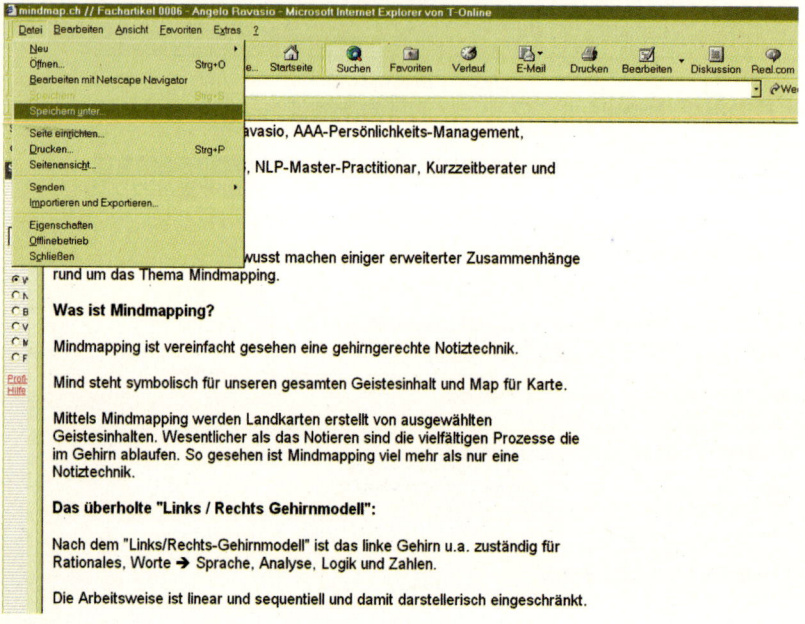

Speichern einer im Internet gefundenen Datei

Beachten Sie bitte, dass Sie alle im Internet gefundenen Informationen mit der Internetadresse und dem Datum versehen. Sollten Sie diese Informationen in Ihrer Projektdokumentation verwenden, haben Sie sofort den entsprechenden Quellenbeleg zur Hand.

Informationen aus Bibliotheken

Bibliotheken bieten hervorragende Möglichkeiten der Informationsbeschaffung. Sie sollten sich in der jeweiligen Bibliothek darüber kundig machen, wie Sie am besten schnell und zielgerichtet an die entsprechenden Informationen kommen können. Es gibt eine Vielzahl von Bibliotheken:

- Schulbibliothek
- Universitätsbibliothek
- Stadtbibliothek
- Landesbibliothek u. a.

In der entsprechenden Bibliothek suchen Sie im Autorenverzeichnis nach bereits bekannten Quellen. Über die Quellenbelege finden Sie im Literaturverzeichnis weitere Quellenangaben. Sind keine Quellen bekannt, ist eine Suche über Stichworte möglich. Hier bieten sich auch Lexika oder Handwörterbücher des betreffenden Faches an. Prüfen Sie, welche Informationsquellen in den Bibliotheken zur Verfügung stehen, ob diese aktuell und für Ihre Projektaufgabe brauchbar sind.

In Bibliotheken sind Bücher immer noch das vorherrschende Medium. Gerade die traditionelle Buchrecherche ist oft nicht zu ersetzen. Beachten Sie bei Ihrer Buchrecherche, dass Sie mit allgemeinen Werken wie z. B. Nachschlagewerke und Konversationslexika beginnen. Dort finden Sie Hinweise auf speziellere, weiterführende Literatur. Sie arbeiten sich somit vom Allgemeinen zum Besonderen vor.

Sie können natürlich nicht alle interessanten Bücher lesen, die Sie in Ihrer Projektaufgabe weiterbringen. Wenn Sie sich einen schnellen Überblick über den Inhalt eines Buches verschaffen wollen, dann lesen Sie den Umschlagtext bzw. den Text auf den Innenklappen und schauen Sie in das Inhaltsverzeichnis, das am Anfang eines Buches steht. Die meisten wissenschaftlichen Bücher und Arbeiten enthalten Zusammenfassungen mit den wesentlichen Inhalten. Sind diese Zusammenfassungen für Sie interessant, können Sie den entsprechenden Text ausführlich lesen. Im Literaturverzeichnis finden Sie weitere, meist vertiefende Veröffentlichungen, die zu Ihrem Thema passen könnten. Es befindet sich im Anhang eines Buches.

In Zeitschriften finden Sie Berichte, Reportagen und Kommentare zu aktuellen Themen. In wissenschaftlichen Fachzeitschriften stehen Aufsätze zu aktuellen Themen, die viel kürzer sind als ein Buch und deshalb relativ schnell erfasst werden können. Auch hier können Sie wieder über das Literaturverzeichnis an weiterführende Quellen kommen.

Häufig gibt es neben Büchern und Zeitschriften auch noch digitale Datenträger, die Sie in Bibliotheken ausleihen können. Besonders interessant könnten Lexika auf CD-ROM für einen ersten Zugang zu Ihrem Projektthema sein. Diese Software kann jedoch von Ihnen im Hinblick auf weitere Aufgaben und Projekte auch preisgünstig angeschafft werden. Es eignen sich hierfür besonders „Der Brockhaus – multimedial 2004" und die „Encarta – Enzyklopädie", deren Titelseiten wie folgt aussehen:

Der Brockhaus – multimedial 2004

Encarta – Enzyklopädie

Informationen aus weiteren Medien

Auch Rundfunk und Fernsehen liefern Informationen, die für Ihre Projektarbeit hilfreich sein können. So können Fachberichte, Reportagen oder Nachrichten aufgezeichnet und ausgewertet werden. Auch sind Recherchen in den Archiven der Sendeanstalten möglich. Vielleicht können Sie derartige Informationen sogar in Ihre spätere Projektpräsentation einbinden. In den Archiven von politischen Institutionen, Ministerien oder Hilfsorganisationen können Sie ebenfalls für Ihr Projekt recherchieren. Selbstverständlich sind alle Printmedien wie Tages- und Wochenzeitungen, Fachzeitschriften, Prospekte, Geschäftsberichte und Broschüren für die Informationsbeschaffung bestens geeignet.

 Auf der CD im Ordner „Checklisten" finden Sie in der Datei „Texte schnell erfassen" eine Hilfe zum effektiven Recherchieren.

5.9.2.2 Informationsbeschaffung durch eine Primärerhebung

Die Themenstellungen und die Zielsetzungen von Projekten erfordern oftmals neue Informationen und Erkenntnisse, sodass Sie nicht auf vorhandenes Material zurückgreifen können. Sie müssen in Ihrer Projektgruppe ganz neue Daten erheben. Da derartig gewonnene Daten erstmalig zu einem bestimmten Zweck erhoben werden, spricht man hierbei von einer Primärerhebung. Ihnen und allen Teammitgliedern muss jedoch klar sein, wonach Sie überhaupt suchen wollen. Das Recherchieren in eine falsche Richtung oder die Sammlung falscher bzw. fehlerhafter Informationen verursacht einen unnötigen Arbeitseinsatz Ihres Teams und kann sogar die Termineinhaltungen gefährden. Deshalb sollten Sie bei der Primärerhebung zielorientiert vorgehen und die hierfür adäquate Methode der Informationsbeschaffung wählen.

Methoden zur Gewinnung von neuen Informationen:

- Expertenbefragung
- Meinungsumfrage
- Beobachtung
- Zählung
- Forschung
- Experiment

Im Folgenden können Sie sich über die beiden wichtigsten Methoden der Primärerhebung, die Sie möglicherweise für Ihr Projekt benötigen, informieren:

Expertenbefragung

Bei vielen Projekten ist es notwendig, dass man die Meinung, den Rat und die Erfahrung von fachlich qualifizierten Spezialisten einholt.

Hierzu sind folgende **Vorüberlegungen** notwendig:

- Zu welchem Themenbereich soll die Expertenbefragung stattfinden?
- Welche Informationen habe ich bereits?
- Welche Informationen benötige ich vom Experten?
- Welcher Experte ist hierfür geeignet?
- Wo liegen die Schwerpunkte der Arbeit des Experten?
- Welche Hinweise, Anregungen und Meinungen können wir von dem Experten erwarten?
- Wie informiere ich den Experten über mein Ziel und meine Erwartungen?
- Wie soll die Befragung strukturiert werden?
- Wer stellt die Fragen?
- Wo wird die Befragung durchgeführt?
- Welche Sitzordnung wird gewählt?
- Wie wird die Befragung dokumentiert?

Nach diesen umfangreichen Vorüberlegungen können Sie die Expertenbefragung durchführen. Die Durchführung kann in folgenden Phasen ablaufen:

Kontaktphase	Kontakt herstellen:	Begrüßen, sich vorstellen, Ziele und Ablauf erläutern, den Gesprächspartner motivieren.
Informationsphase	Eröffnungsfragen: Informationsfragen mit den Fragewörtern: Sondierungsfragen:	„Ich interessiere mich für ...", „Können Sie mir sagen, ...?" Wer, was, wann, wo, wie viel, welche, warum, ...? „Das ist für mich interessant. Können Sie mir das etwas näher erläutern?"
Einschätzungsphase	Einschätzungsfragen:	„Was halten Sie von ...?", „Woran könnte das liegen?", „Welche Erfahrungen haben Sie damit gemacht?"
Bewertungsphase	Bewertungsfragen: Rhetorische Frage:	„Wie beurteilen Sie ...?" „Sie sind davon wohl nicht überzeugt?"

Nach der Befragung des Experten ist eine **Auswertung** des Gesprächs notwendig. Sie sollten nun analysieren, ob Sie mit diesem Gespräch Ihre Ziele erreicht haben, ob alle Sachverhalte beantwortet oder ob noch Fragen offen sind. Außerdem beurteilen Sie den Aussagewert der Expertenbefragung und verdeutlichen Sie, welche Ansätze, Meinungen und Interessen der Experte vertritt.

Aus: Fegert, F.; Hergenröder, F.; Mechelke, G.; Rosum, K. (2002). Projektarbeit. Theorie und Praxis. LEU-Handreichung H-02/03. S. 59 – 60.

ARBEITSAUFTRAG

Arbeitsauftrag zum Projektbeispiel:

Überlegen Sie bitte, welche Experten Sie im Rahmen des Projektbeispiels „Konzeption eines modernen Aus- und Weiterbildungssystems" in einem Industriebetrieb befragen können.

Halten Sie Ihre Überlegungen auf dem Arbeitsblatt auf der CD fest. Sie finden es im Ordner „Arbeitsblätter" in der Datei „Informationsgewinnung – Befragung von Experten".

Meinungsumfrage

Auch eine Meinungsumfrage könnte für Ihr Projekt hilfreich sein. Sie finden damit die Einstellungen oder Meinungen von bestimmten ausgewählten Personen heraus.

1. Formen der Befragung

- Interview
- Telefonbefragung
- Postalische Befragung
- Internetbefragung per E-Mail

2. Allgemeine REGELN bei Befragungen

- Die Fragen müssen möglichst einfach formuliert sein.
- Die Fragen dürfen nicht zu lang sein, sondern kurz und prägnant.
- In einer Frage darf nur nach einem Sachverhalt gefragt werden.
- Die Fragen müssen eindeutig formuliert sein.
- Die Befragten dürfen nicht überfordert werden.
- Es dürfen keine suggestiven Fragen gestellt werden, bei denen dem Befragten schon die Antworten nahe gelegt werden.

aus: Fegert, F.; Hergenröder, F.; Mechelke, G.; Rosum, K. (2002). Projektarbeit. Theorie und Praxis. LEU-Handreichung H-02/03. S. 66.

3. Wie wird ein Fragebogen erstellt?

Bei allen Formen der Befragung werden Fragen vorformuliert. Dies geschieht vornehmlich in einem Fragebogen. Damit Sie dieses Instrument auch richtig einsetzen und anschließend auswerten können, sollten Sie die folgenden grundlegenden Kenntnisse zur Erstellung eines Fragebogens berücksichtigen.

Sie sollten sich zunächst mit den verschiedenen Fragetypen auseinander setzen. Daraus können Sie dann den Fragetyp auswählen, der am besten geeignet ist eine

Antwort auf Ihre Fragestellung zu geben. Jedem Fragetyp ist eine mögliche Frage zu dem Projektbeispiel „Konzeption eines modernen Aus- und Weiterbildungssystems" zugeordnet. Sie erkennen, dass mit unterschiedlichen Fragestellungen ganz differenzierte Erkenntnisse gewonnen werden können. Ihren Fragebogen können Sie selbstverständlich mit mehreren Fragetypen erstellen. Überlegen Sie sich jedoch gemeinsam in Ihrem Projektteam, welche Ziele Sie damit erreichen wollen, wie die Datenauswertung stattfinden soll und welche Aussagen zu den Daten des jeweiligen Fragetyps gemacht werden können.

Fragetypen beim Fragebogen	Fragenbeispiele – bezogen auf das Projektbeispiel „Konzeption eines modernen Aus- und Weiterbildungssystems"
Entscheidungsfragen • Auswahl z. B. zwischen „ja" und „nein" oder „falsch" und „richtig".	**Frage an Auszubildende:** Sind Sie mit dem bestehenden Aus- und Weiterbildungssystem zufrieden? Ja ☐ Nein ☐
Multiplechoice-fragen • Mehrere Antworten sind vorgegeben. • Aus den vorgegebenen Antworten wird die richtige ausgewählt.	**Frage an Personalchefs:** Welche Kompetenz sollte in einer modernen beruflichen Aus- und Weiterbildung besonders gefördert werden? A. Fachgerechter Umgang mit neuen Medien ☐ B. Teamfähigkeit – im Team arbeiten können ☐ C. Ergebnisse präsentieren können ☐ D. Faktenwissen beherrschen ☐ E. Informationen beschaffen können ☐
Skalenfragen • Entscheidung für eine Ausprägung innerhalb einer Rangordnung. • Rangordnung möglich nach: – Häufigkeiten – Intensität – Bewertung	**Fragen an Personalchefs:** Wie oft stellen Sie einen neuen Mitarbeiter ein, der zwar schlechte Schulnoten hat, dafür aber gute überfachliche Kompetenzen besitzt? nie ☐ ☐ ☐ ☐ immer Wie stark wünschen Sie sich von Ihren Mitarbeitern, dass sie fähig sind, in einem Team arbeiten zu können? nicht ☐ ☐ ☐ ☐ sehr Trifft es zu, dass Ihre Mitarbeiter eine große Selbstbestimmung im Umgang mit ihrer Arbeitszeit haben? stimmt nicht ☐ ☐ ☐ ☐ stimmt genau

Fragetypen beim Fragebogen	Fragenbeispiele – bezogen auf das Projektbeispiel „Konzeption eines modernen Aus- und Weiterbildungssystems"
– Wahrscheinlichkeit	Würden Sie einen neuen Mitarbeiter einstellen, der schlechte Umgangsformen hat? keinesfalls ☐ ☐ ☐ ☐ ganz sicher
Maßzahlfragen • Bewertung bezieht sich auf Zahlen.	**Frage an Auszubildende und Mitarbeiter:** Mit welcher Note bewerten Sie Ihr aktuelles Ausbildungssystem? Wählen Sie eine Schulnote von 1 bis 6. ☐
Freitextfragen • Es sind offene Fragen ohne eine vorformulierte Antwort. • Es werden lediglich Leerzeilen vorgegeben.	**Frage an Auszubildende und Ausbilder:** Wie sollten die dualen Partner in der Aus- und Weiterbildung zusammenarbeiten? _____ _____ _____ _____ _____

Auf der CD finden Sie im Ordner „Vorlagen" in der Datei „Erstellung eines Fragebogens" diese Fragebeispiele, die Sie entsprechend auswählen können.

Beachten Sie bitte die folgenden REGELN für die Erstellung eines Fragebogens:

■ Der Fragebogen darf nicht zu umfangreich sein – er wird dann sehr ungern oder gar nicht beantwortet.

■ Die Antwortkategorien, die vorgegeben sind, müssen problembezogen sein – vorher klar festlegen, was man mit der jeweiligen Frage bezweckt.

■ Je präziser die Fragen formuliert sind, desto mehr kann man mit den Antworten anfangen.

■ Die Antwortkategorien, die für eine Antwort vorgegeben werden, müssen auf einer Ebene liegen – z. B. dürfen sachliche und bewertende Kategorien nicht vermischt werden.

■ Es empfiehlt sich, eine gerade Anzahl von Antwortvorgaben zu verwenden, damit der Befragte sich für die eine oder andere Antwortrichtung entscheiden muss – z. B. bei vier Antwortvorgaben sollten zwei positiv und zwei negativ sein.

■ Es ist ratsam, bei Antwortkategorien auch eine „Ich-weiß-nicht"-Kategorie vorzugeben.

9740108

4. Wie wird ein Interview geführt?

Auch ein Interview müssen Sie unter Berücksichtigung der allgemeinen Regeln für Befragungen sorgfältig vorbereiten. Als Interviewer können Sie die Antworten frei mitnotieren, einen vorbereiteten Fragebogen ausfüllen oder aber mit einem Aufnahmegerät mitschneiden. Danach werten Sie dann die Ergebnisse aus.

HINWEISE/TIPPS

- Sorgen Sie für eine positive Gesprächsatmosphäre. Überlegen Sie sich im Voraus, in welcher Umgebung Sie das Interview führen wollen. Die Örtlichkeiten hängen vorwiegend davon ab, wie viel Zeit der Gesprächspartner zur Verfügung hat. Vielleicht können Sie ihm eine Kleinigkeit zum Essen und zum Trinken anbieten?
- Sprechen Sie Ihren Interviewpartner namentlich an. Dadurch signalisieren Sie ihm Ihre persönliche Wertschätzung.
- Stellen Sie sich Ihrem Interviewpartner vor. Dies gehört zu den guten Umgangsformen. Bei einem Gespräch möchte man wissen, mit wem man es zu tun hat.
- Nennen Sie Ihrem Interviewpartner das Thema Ihrer Projektarbeit. Dadurch wird das Ziel des Interviews klar.
- Beschreiben Sie kurz die Bedeutung des Interviews im Hinblick auf Ihre Projektarbeit. Die Einsicht und der Grund für das Interview sollten dadurch deutlich werden.
- Zeigen Sie Interesse an der Tätigkeit Ihres Interviewpartners. Dadurch drücken Sie Bedeutung und Wertschätzung aus.

Um das Interview zu strukturieren, entwickeln Sie einen Leitfaden für Ihre Interviewfragen und ordnen sie in eine Reihenfolge. Beginnen Sie mit Einstiegsfragen, durch die Sie zu Ihrem Interviewpartner eine erste Kommunikationsbeziehung aufbauen.

Einstiegsfragen können sein:

- Eisbrecherfragen wie z. B.: „Wie geht es Ihnen?" – „Sind Sie gut angekommen?"
- Einfache Sachfragen wie z. B.: „Wie laufen die Geschäfte in Ihrem Unternehmen?"
- Persönliche Fragen wie z. B.: „Wie weit müssen Sie bis zu Ihrer Arbeitsstelle fahren?" – „Sind Sie mit Ihren Aufgaben an Ihrem Arbeitsplatz zufrieden?"

Nach den Einstiegsfragen folgen die eigentlichen Interviewfragen zu Ihrem Projektthema. Deren Abfolge sollten Sie im Voraus festlegen. Zum Schluss können Sie noch Zusatz- und Ergänzungsfragen stellen.

Wie bei der Erstellung eines Fragebogens können auch beim Interview unterschiedliche Fragetypen eingesetzt werden. Sie sollten sich bei der Planung Ihres Interviews genau überlegen, welchen Fragetyp Sie wählen, um zu dem gewünschten Befragungsziel zu gelangen. Ein unterschiedliches Frageverhalten kann das Ergebnis wesentlich beeinflussen.

Hier eine kurze Übersicht über unterschiedliche Fragetypen bei einem Interview:

Fragetypen beim Interview	Fragenbeispiele – bezogen auf das Projektbeispiel „Konzeption eines modernen Aus- und Weiterbildungssystems"
Direkte Fragestellung Sie bezieht sich unmittelbar auf den Sachverhalt. Die befragte Person erkennt, worauf die Frage abzielt.	**Frage an Auszubildende:** Welche Ausbildungsinhalte würden Sie in einem neu konzipierten Ausbildungssystem verändern? **Frage an einen Personalchef:** Welche Kompetenz sollte in einer modernen beruflichen Aus- und Weiterbildung besonders gefördert werden?
Indirekte Fragestellung Sie wird dann verwandt, wenn psychologisch problematische Sachverhalte abgefragt werden. Dadurch können über Umwege mögliche Abblockungen oder Antworthemmungen der Befragten umgangen werden.	Auszubildende und Ausbilder werden z. B. von Ihnen zum bestehenden Aus- und Weiterbildungssystem in Ihrem Unternehmen befragt. Es könnte den Befragten jedoch unangenehm sein, darauf ehrliche Antworten zu geben, da sie befürchten, dass die Geschäftsleitung von dem Interview erfahren könnte. Folgende direkte Frage mit einem psychologisch problematischen Sachverhalt könnte in eine indirekte Fragestellung umgeformt werden: **Direkte Frage an Auszubildende:** In der Ausbildung müssen von den Auszubildenden viele manuelle und eintönige Arbeiten erledigt werden. Wie beurteilen Sie dies im Hinblick auf Ihr Ausbildungsziel? **Indirekte Frage zum gleichen Problem:** Welche Bedingungen müssten in Ihrer Ausbildung gegeben sein, damit Sie eine möglichst hohe berufliche Qualifizierung erreichen könnten?
Weiche direkte Fragestellung Wenn Sie keine brauchbaren indirekte Fragen finden, dann können Sie auch weiche direkte Fragen formulieren. Sie sind ebenfalls auf das Erkenntnisziel ausgerichtet, beinhalten jedoch wie die indirekten Fragen einen psychologischen Schutz der befragten Person.	**Eine harte direkte Frage an einen Personalchef:** Welche zentralen Qualifikationen fordert die neue Berufsausbildungsverordnung für Bankkaufleute? **Eine weiche direkte Frage an einen Personalchef:** Für den Ausbildungsberuf Bankkaufmann/-frau wurde eine neue Berufsausbildungsverordnung erlassen. Wissen Sie zufällig, welche zentralen Qualifikationen die neue Berufsausbildungsverordnung für Bankkaufleute fordert?
Assoziative Fragestellung Den Befragten werden bestimmte Reizworte vorgegeben. Sie sollen sich dann zu den daraus ergebenden Assoziationen und Einfällen spontan äußern.	**Frage mit freier Assoziation an einen Personalchef:** Was fällt Ihnen spontan bei der folgenden Aussage ein: „In der Ausbildung sollen die jungen Menschen jene Qualifikationen erlernen, die sie befähigen, selbstständig und selbstverantwortlich ihren Platz in der sozialen Gemeinschaft zu finden."

- Bei der **freien Assoziation** ist der Themenbereich nicht oder nur wenig eingeengt.
- Bei der **gelenkten Assoziation** ist der Themenbereich begrenzt.

Frage mit gelenkter Assoziation an einen Personalchef:

Was fällt Ihnen spontan beim Wort „Schlüsselqualifikationen" ein?

Stellen Sie im Interview möglichst offene Fragen, bei denen die befragte Person die Antwort mit eigenen Worten formulieren muss. Deren Auswertung ist allerdings schwieriger als bei geschlossenen Fragen (z. B. ja/nein) mit Antwortvorgaben (vgl. Fragebogen). Stellen Sie „W-Fragen" (welche, wie, weshalb, warum). Dadurch erhalten Sie vielschichtige Antworten, die Ihnen neue Informationen für Ihr Projektthema bringen können. Sofern Sie einmal in die Lage kommen, dass Sie Interviews für umfangreichere wissenschaftliche Arbeiten auswerten wollen, sollten Sie sich mit der „Qualitativen Datenanalyse" befassen. Dabei wird jede noch so kleine Äußerung der befragten Person ausgewertet und deren Bedeutung erfasst.

HINWEISE/TIPPS

- Reden Sie Ihren Gesprächspartner persönlich mit seinem Namen an.
- Hören Sie den Antworten aktiv und konzentriert zu.
- Stellen Sie verständnisvolle Zwischenfragen und machen Sie Bemerkungen.
- Halten Sie zur interviewten Person Blickkontakt.
- Würdigen Sie die vorgetragenen Argumentationen und versuchen Sie, wenn es notwendig ist, mit einem Widerspruch (ja, aber ...) das Gespräch zu vertiefen
- Denken Sie stets mit und stellen Sie weitere Zwischenfragen im Hinblick auf Ihr verfolgtes Interviewziel.

Beim Interview werden häufig die folgenden Fehler gemacht:

- Der Interviewer formuliert verschiedene Frage- und Antwortkategorien unbewusst um.
- Der Interviewer übernimmt die Antworten falsch oder lückenhaft in sein Protokoll.
- Die Einstellung des Interviewers zum bestimmten Thema kann beim Befragten eine bestimmte Antwort provozieren.

Aber auch bestimmte Verhaltensweisen der Befragten in einem Interview können das Ergebnis verfälschen:

- Die Befragten haben eine bestimmte Neigung, die Fragen unabhängig vom Frageinhalt in eine ganz bestimmte Richtung zu beantworten – z. B. gibt der Befragte immer neutrale Antworten und entscheidet sich nicht für eine bestimmte Richtung.
- Die Befragten beantworten die Fragen tendenziell unabhängig vom Frageinhalt immer mit Ja. Diese Antwortstrategie wird von manchen Personen gerne in neuen und ungewohnten Situationen verwendet, da diese von ihnen eher mit Zustimmung bewältigt werden können.

■ Die Befragten versuchen sich in der sozialen Interaktion des Interviews möglichst positiv darzustellen. Deshalb geben sie die Antworten, die ihrer Meinung nach sozial erwünscht sind und die der Interviewer wohl hören will. Ein gesellschaftlich sanktioniertes Verhalten wird oft verschwiegen, da dies nicht positiv bewertet wird.

Aus: In Anlehnung an: Fegert, F.; Hergenröder, F.; Mechelke, G.; Rosum, K. (2002). Projektarbeit. Theorie und Praxis. LEU-Handreichung H–02/03. S. 70.

Die CD enthälz im Ordner „Checkliste" die Datei „Recherche", mit deren Hilfe Sie überprüfen können, ob Sie bei Ihrer Recherche an alles gedacht und alles berücksichtigt haben.

5.9.3 Wie können Sie die gewonnen Informationen auswerten?

5.9.3.1 Ordnen von Informationen

Bei der Vielzahl von Informationsquellen ist nicht das Problem, dass man keine, sondern oft sehr viele Informationen erhält. Man steht vor einem schier unüberwindbaren Berg und weiß nicht, wie man die Informationsflut auswerten und aufbereiten soll. Die Auswahl der gewonnenen Informationen soll nun zusammengefasst, verdichtet und nach der Wichtigkeit geordnet werden. Hier kann Ihnen eine Tabelle helfen, in der Sie die gewonnenen Informationen aufführen und dem Teilbereich zuordnen, für den diese dienlich sind. Sie können darin auch deren Wichtigkeit z. B. mit Punkten von 1 (unwichtig) bis 6 (sehr wichtig) beimessen.

Die Zuordnungen von Informationen zum Projektbeispiel „Konzeption eines modernen Aus- und Weiterbildungssystems" könnten wie folgt aussehen:

Informationsquelle	Wichtig 1 – 6	zu verwenden für …
Broschüre – Berufsausbildungsverordnung Industriekaufmann/-frau	6	Kapitel 2.2.2 – Berufliche Kompetenzen des Ausbildungsberufs
Archive der Stadt und der IHK	4	Kapitel 2.1 – Berufliche Kompetenzen früher und heute
Befragung mit Fragebogen bei Unternehmern	5	Kapitel 2.2.2 – Berufliche Kompetenzen des Ausbildungsberufs
Internetrecherche	4	Kapitel 2.1 – Gesellschaftliche Veränderungen

Zuordnung der Informationsquellen zu Teilbereichen

HINWEISE/TIPPS

■ Übernehmen Sie nur die Informationen, die der themengerechten Bearbeitung des Projekts dienen und Antworten auf Ihre konkreten Fragestellungen geben.

- Keine Texte, Grafiken oder Zahlen verwenden, die zwar gut aussehen, aber nicht zum Thema gehören. Sie wirken wie Fremdkörper in der Projektdokumentation.
- Achten Sie schon bei der Informationsbeschaffung darauf, dass Sie deren Quellen festhalten, denn bei der Auswertung und Dokumentation ist diese Angabe wichtig.
- Verschaffen Sie sich einen Überblick über einschlägige Texte.
- Gliedern Sie Ihren Text nach bestimmten Merkmalen.
- Reduzieren Sie die wesentlichen Bestandteile eines Textes in eigenen Worten auf überschaubare und einprägsame Sachverhalte (Exzerpt).

5.9.3.2 Auswerten von Befragungen

Die Daten von Fragebogen und von Interviews müssen Sie so auswerten und darstellen, dass Sie daraus entsprechende Aussagen ableiten können. Hierzu sind Grundlagenkenntnisse aus der Statistik notwendig. Für die Datenauswertung von Schulungsprojekten genügen jedoch meist einfache Berechnungen, wie Häufigkeiten arithmetische Mittelwerte oder prozentuale Anteile.

Versuchen Sie nun den folgenden Arbeitsauftrag zu lösen. Sie werden sehen, dass Sie in der Lage sind, Daten für Ihr Projekt nicht nur zu erfassen, sondern auch auszuwerten.

ARBEITSAUFTRAG

Fall:

Im Rahmen Ihrer Datenerhebung zum einführenden Projektbeispiel haben Sie mehrere Ausbilder in verschiedenen Unternehmen mit der folgenden Frage befragt:

Mit welcher Note bewerten Sie Ihr aktuelles Ausbildungssystem?
Wählen Sie eine Schulnote von 1 bis 6.

Die Befragung ergab folgendes Ergebnis:

Frage 10 – Bedeutung des Ausbildungssystems

	Frauen	Männer
sehr gut	1	0
gut	5	3
befriedigend	8	7
ausreichend	3	5
mangelhaft	1	4
ungenügend	0	1

Aufgaben:

- Berechnen Sie den Mittelwert der Note bei den Frauen und bei den Männern.
- Berechnen Sie die prozentualen Anteile der Noten bei Frauen und bei Männern.
- Versuchen Sie die berechneten prozentualen Anteile in einem Koordinatensystem anschaulich darzustellen.

Neben der manuellen Berechnung und Darstellung von Daten können Sie dies einfacher mit dem Excel-Programm von Microsoft vornehmen. Hierzu ein paar Beispiele, die sich wiederum auf das Projektbeispiel „Konzeption eines modernen Aus- und Weiterbildungssystems" beziehen.

Es soll die folgende Frage (aus dem Katalog der Fragetypen im Kapitel 5.9.2.2) ausgewertet werden:

BEISPIEL

Mit welcher Note bewerten Sie Ihr aktuelles Ausbildungssystem?

Wählen Sie eine Schulnote von 1 bis 6.

Wenn Sie den Fragebogen ausgefüllt zurückbekommen, müssen Sie zunächst die Daten in Excel erfassen. Wenn es für Ihre Erkenntnisgewinnung wichtig ist, können Sie hierbei noch nach dem Geschlecht unterscheiden. Ihre Datenerfassung könnte dann nebenstehendes Ergebnis zeigen.

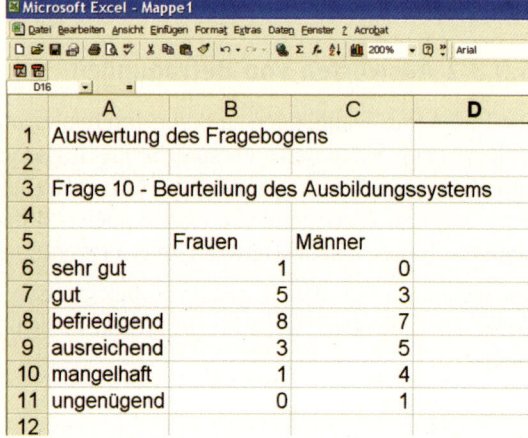

Excel – Form der Datenerfassung

Wenn Sie die eingegebenen Daten markieren und auf das Diagrammsymbol klicken, haben Sie eine große Auswahl an grafischen Darstellungsmöglichkeiten Ihrer Daten.

Sie können im Menü den Diagrammtyp auswählen, der sich am besten dazu eignet, das Ergebnis Ihrer Frage zu veranschaulichen. Die Darstellung mit Diagrammen eignet sich auch hervorragend für die Dokumentation und Präsentation Ihres Projekts.

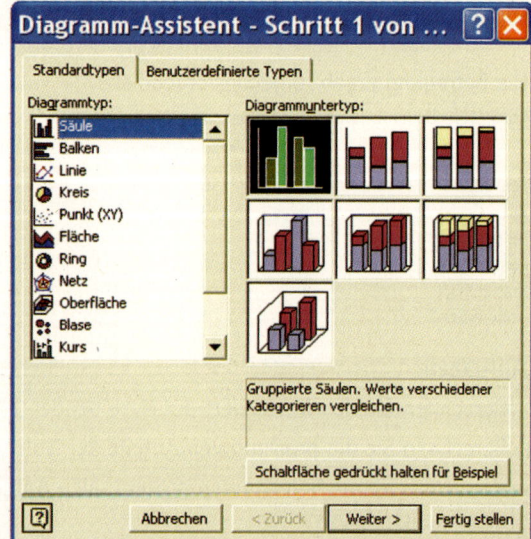

Excel – Auswahl aus Diagrammtypen

Hier die Darstellung der Zahlen zum Fragebeispiel mit zwei möglichen Diagramm-typen:

Säulendiagramm

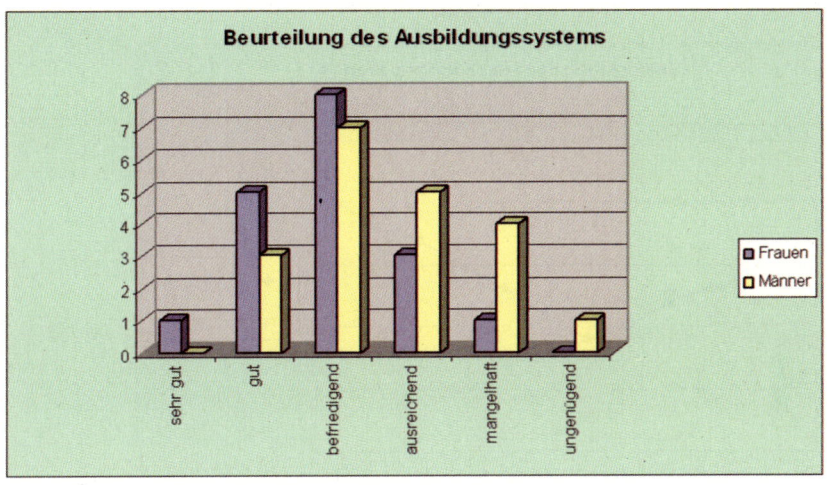

Darstellung mit einem Säulendiagramm

Balkendiagramm

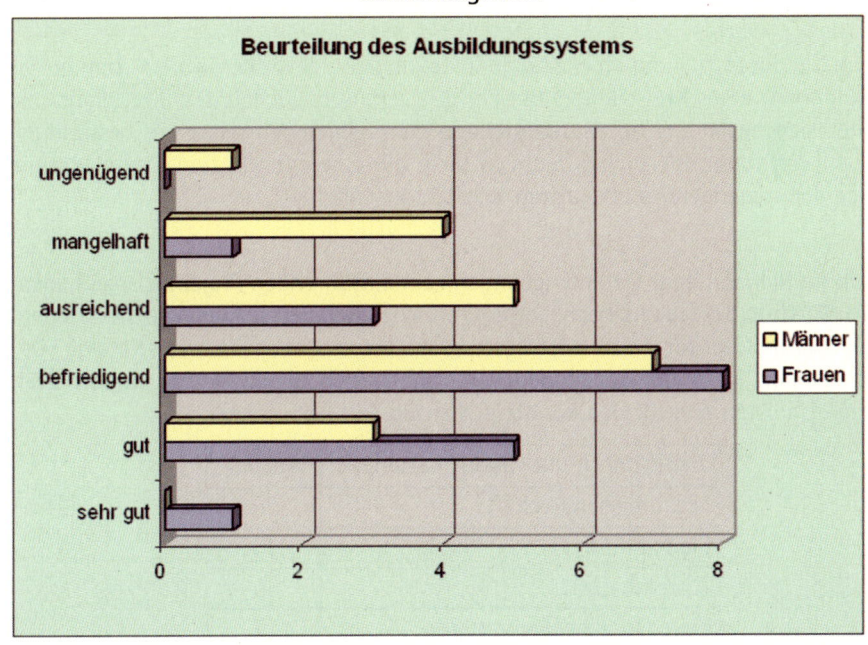

Darstellung mit einem Balkendiagramm

Beide Diagrammtypen eignen sich gut zur Darstellung von Häufigkeitsverteilungen bei Skalen- oder Maßzahlfragen, aber auch zum Aufzeigen von zeitlichen Zahlen-entwicklungen.

Ein Liniendiagramm eignet sich besonders zur Darstellung von zeitlichen Zahlenentwicklungen wie z. B. die Entwicklung der Ausbildungszahlen in Ihrem Unternehmen. Das folgende Liniendiagramm zeigt eine solche Zahlenentwicklung sehr anschaulich:

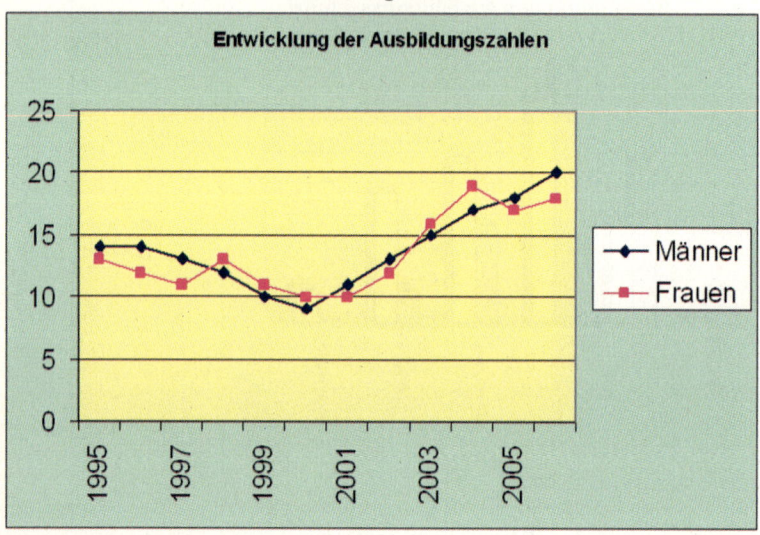

Liniendiagramm

Darstellung mit einem Liniendiagramm

Wenn Sie die Aufteilung einer Menge in Teilmengen darstellen wollen, können Sie dies mithilfe eines Kreisdiagramms sehr gut veranschaulichen. Das Kreisdiagramm eignet sich besonders für die Darstellung von Teilmengen aus einer bestimmten Anzahl von Daten. Versuchen Sie sich bitte die Erkenntnisse zum Kreisdiagramm durch den folgenden Arbeitsauftrag selbst zu erschließen.

ARBEITSAUFTRAG

Fall: Im Rahmen Ihrer Datenerhebungen zum einführenden Projektbeispiel haben Sie 50 Unternehmen danach befragt, welche drei beruflichen Qualifikationen ihrer Mitarbeiter für sie am wichtigsten sind. Hierzu gaben Sie einen Katalog von Fähigkeiten in Ihrem Fragebogen vor, woraus sich die Befragten für die drei bedeutsamsten entscheiden konnten. Hier das fiktive Ergebnis:

Fähigkeiten und Qualifikationen	Anzahl
Leistungsbereitschaft	58
Eigeninitiative	35
Teamfähigkeit	20
Fremdsprachenkenntnisse	17
Durchsetzungsvermögen	12
Allgemeinbildung	8

– Erstellen Sie bitte aufgrund dieser Daten ein Kreisdiagramm mit dem Excel-Programm.

9740116

- Versuchen Sie unterschiedliche Formatierungen des Diagramms in Bezug auf Schriftgröße, Farben u. a.
- Drucken Sie die Form des Kreisdiagramms aus, die Ihnen am besten gefällt und legen Sie es dem Buch bei.

Diesen Arbeitsauftrag finden Sie auf der CD als Arbeitsblatt im Ordner „Arbeitsblätter" und dort in der Datei „Erstellen eines Kreisdiagramms mit Excel". Beispiele von Kreisdiagrammen finden Sie im Ordner „Informationsauswertung" in der Datei „Datenerhebung zur beruflichen Qualifikation".

HINWEISE/TIPPS

- Sie müssen das erhobene Datenmaterial exakt übernehmen – hierfür eignet sich z. B. das Excel-Programm gut.
- Sie sollten zuerst die Art der Fragestellung und die beabsichtigte Aussage analysieren und sich dann für den entsprechenden Diagrammtyp entscheiden.
- Beachten Sie die unterschiedlichen Skalierungen der Diagrammachsen.
- Denken Sie bereits bei der Datenanalyse daran, dass Sie die Diagramme eventuell für die Dokumentation und Präsentation Ihres Projekts benutzen wollen.

Auch die Berechnung der Mittelwerte können Sie mit Excel vornehmen. Sie sollten lediglich wissen, wie man in diesem Programm Rechenoperationen durchführt.

Die Datenerfassung und Mittelwertberechnung zu den Daten der folgenden bekannten Beispielfrage:

> *„Mit welcher Note bewerten Sie Ihr aktuelles Ausbildungssystem? Wählen Sie eine Schulnote von 1 bis 6".*

könnte im Excel-Programm wie folgt aussehen:

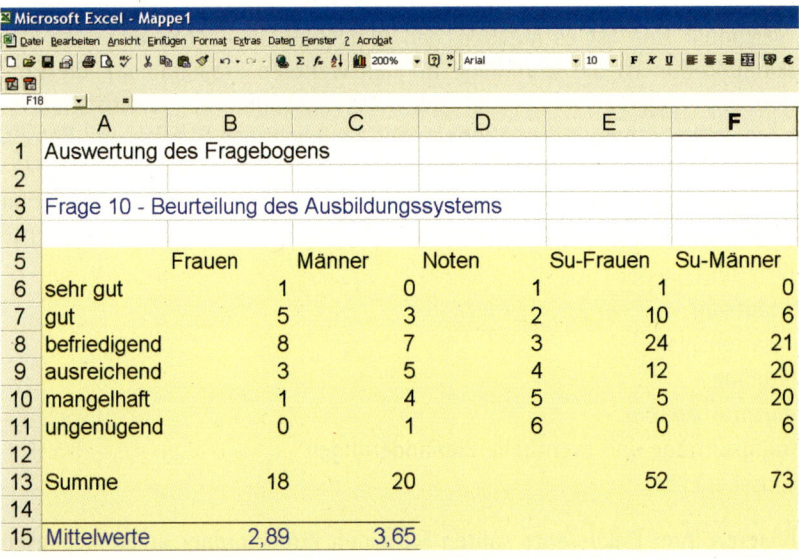

	A	B	C	D	E	F
1	Auswertung des Fragebogens					
2						
3	Frage 10 - Beurteilung des Ausbildungssystems					
4						
5		Frauen	Männer	Noten	Su-Frauen	Su-Männer
6	sehr gut	1	0	1	1	0
7	gut	5	3	2	10	6
8	befriedigend	8	7	3	24	21
9	ausreichend	3	5	4	12	20
10	mangelhaft	1	4	5	5	20
11	ungenügend	0	1	6	0	6
12						
13	Summe	18	20		52	73
14						
15	Mittelwerte	2,89	3,65			

Datenerfassung und Mittelwertberechnung in Excel

Nun können Sie die Darstellung in Form des Balkendiagramms in Verbindung mit den errechneten Mittelwerten interpretieren. Beziehen Sie in Ihre Interpretation möglicherweise auch die gewonnenen Daten von weiteren Fragen Ihres Fragebogens mit ein. Stellen Sie Verknüpfungen zwischen den Daten her, sofern es sinnvoll und zielführend ist.

Von der Datenauswertung und deren Interpretation hängt unter Umständen der weitere Verlauf Ihres Projekts ab. Im Rahmen eines erfolgreichen Projektmanagements müssen diese Ergebnisse von Ihnen und den Teammitgliedern bewertet werden. Möglicherweise werden dann neue Entscheidungen zum Projektablauf getroffen.

5.10   Dokumentation des Projekts

Wenn man im Rahmen eines Projekts von der Dokumentation spricht, meint man hier vor allem das eigentlich Produkt, das Projektergebnis, z. B. in schriftlicher, gebundener Form. Wichtig ist aber auch die Dokumentation während des Projektablaufes. Aus diesem Grund kann man zwischen Prozess- und Gesamtdokumentation unterscheiden.

5.10.1 Prozessdokumentation

5.10.1.1 Grundlagen

Im Rahmen der Projektdurchführung werden die Arbeitsprozesse der Projektteams und deren Ergebnisse dokumentiert. Da alle wichtigen Informationen zum Projekt jederzeit verfügbar sind, ist es möglich, den Projektverlauf nachzuvollziehen. Die Projektdokumentation ist die Grundlage für den weiteren Projektablauf, die Projektreflexion und möglicherweise auch der Ausgangspunkt für weitere Projektvorhaben. Sie sollte deshalb Informationen über alle wichtigen Stadien und Phasen des Arbeitsprozesses, Zwischenergebnisse und persönliche Erfahrungen und Eindrücke der Projektbeteiligten enthalten. Somit ist die ordentliche Dokumentation eine wichtige Voraussetzung im Rahmen Ihrer Projektarbeit. Folgende Dokumente sind dafür nötig:

- Projektauftrag
- Organisationsplan
- Projektpläne
- Sitzungsprotokolle
- Änderungsanträge und eventuelle Planänderungen
- Abschlussbericht

Zum Archivieren Ihrer Dokumente sollten Sie einen Projektordner anlegen. Diesen könnten Sie wie folgt gestalten:

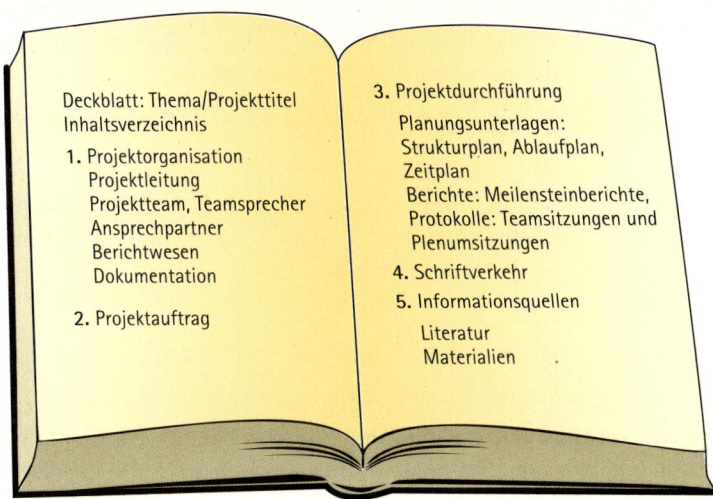

Deckblatt: Thema/Projekttitel
Inhaltsverzeichnis

1. Projektorganisation
   Projektleitung
   Projektteam, Teamsprecher
   Ansprechpartner
   Berichtwesen
   Dokumentation

2. Projektauftrag

3. Projektdurchführung

   Planungsunterlagen:
   Strukturplan, Ablaufplan,
   Zeitplan
   Berichte: Meilensteinberichte,
   Protokolle: Teamsitzungen und
   Plenumsitzungen

4. Schriftverkehr

5. Informationsquellen

   Literatur
   Materialien

Anlage eines Projektordners

Den Projektordner sollten Sie so aufbewahren, dass er für jeden Projektbeteiligten zum Nachschlagen zur Verfügung steht und damit eine wertvolle Hilfe für die Durchführung Ihres Projekts ist.

5.10.1.2 Wie erstellen Sie ein Protokoll?

In den Gruppenarbeiten und den Sitzungen des Plenums werden stets Protokolle geschrieben. Deshalb sollten Sie in der Lage sein, ein Protokoll ordnungsgemäß abfassen zu können.

Was sollte in einem Protokoll enthalten sein?

- Anlass
- Ort, Datum, Uhrzeit
  mit Beginn und Ende
- Sitzungsleitung
- Protokollführung
- Teilnehmer
- Tagesordnung

- Redebeiträge
- Anträge
- Abstimmungsergebnisse
- Aufgabenverteilung
- Termine

Wie sollen Protokolle sprachlich abgefasst werden?

- knappe Darstellung
- keine Wertungen
- keine Überleitungen
- wörtliche Rede in Anführungs- und Schlusszeichen
- in der Gegenwartsform schreiben

Welche Arten von Protokollen gibt es?

- Verlaufsprotokoll – hier wird der Gesprächsverlauf mit den Meinungen der Teilnehmer und der Entscheidungsprozess festgehalten.
- Ergebnisprotokoll – hier werden lediglich die getroffenen Entscheidungen und die Abstimmungsergebnisse festgehalten.
- Gedächtnisprotokoll – sollte während der Sitzung keine Ergebnissicherung möglich sein, dann kann das Protokoll später aus dem Gedächtnis heraus erstellt werden.
- Weitere Protokolle: Versuchs-, Unfall-, Vernehmungs- und Unterrichtsprotokoll.

5.10.1.3 Wie könnte ein Protokollblatt aussehen?

Sollten Sie Protokollant sein, dann bereiten Sie sich mit einem Formblatt auf die Sitzungen vor. Dieses Formblatt kann von Ihnen individuell strukturiert sein. Es sollten aber bereits die wichtigsten Inhaltskategorien eines Protokolls so vorgegeben sein, dass Sie diese nur noch in den vorgesehenen Kästchen ausfüllen müssen. Als Anhaltspunkt kann Ihnen das folgende Protokollblatt dienen. Gestalten Sie aber am besten Ihr eigenes Formular unter Berücksichtigung der Rahmenbedingungen Ihres Projekts.

BEISPIEL für ein Protokollblatt:

Protokollblatt

Projektthema: ....

Gruppenthema: .... **Datum:** ....

Arbeitsgruppe: .... **Protokollant:** ....

Anwesende: ....

Arbeitsaufgabe: ....

Arbeitsablauf: Welche Aufgaben wurden heute bearbeitet? Was wurde besprochen?

....

....

....

Arbeitsergebnis: Welche Ergebnisse wurden erzielt? Was wurde geklärt? Welche Fragen blieben offen?

....

....

....

Abstimmungsergebnisse: Worüber haben wir abgestimmt? Welches Abstimmungsergebnis kam zustande?

....

....

....

Weiterarbeit: Welche weiteren Aufgaben sind zu erledigen? Wer erledigt bis zur nächsten Sitzung welche Aufgaben?

....

....

....

Informationsbeschaffung: Welche Informationen benötigen wir zur weiteren Vorgehensweise?

....

Termin der nächsten Gruppensitzung:

Wer übernimmt die Gruppenleitung:

Wer schreibt das Protokoll:

....	....	....
Ort	Datum	Unterschrift des Protokollanten

Auf der CD finden Sie im Ordner „Vorlagen" in der Datei „Protokollblatt" ein Formular, das Sie zur eigenen Gestaltung verwenden können.

5.10.1.4 Regeln für das Anfertigen eines Protokolls

REGELN

- Besorgen Sie sich ausreichend Papier bzw. vorgefertigte Protokollblätter und ein geeignetes Schreibzeug.
- Wählen Sie einen geeigneten Sitzplatz aus.
- Machen Sie sich klar, welche Inhalte das Protokoll haben soll – Art des Protokolls.
- Halten Sie die Anwesenden fest bzw. fügen Sie dem Protokollblatt eine Anwesenheitsliste bei.
- Erfassen Sie die wesentlichen Inhalte der Sitzung.
- Halten Sie Abstimmungsergebnisse eindeutig fest.
- Unterschreiben Sie das Protokoll.

5.10.2 Gesamtdokumentation

5.10.2.1 Bedeutung der schriftlichen Dokumentation

Bereits in der Phase der Projektplanung wird das Produkt des Projekts festgelegt. Dieses kann folgende Formen haben:

- Dokumentation
- Videofilm
- Rollenspiel
- Theaterstück

Am häufigsten wird das Projektergebnis als schriftliche Dokumentation verlangt, deren Form einer wissenschaftlichen Arbeit entsprechen muss. Diese schriftliche Dokumentation kann auch als die eigentliche Projektarbeit bezeichnet werden. Im Folgenden können Sie sich über die grundlegenden formalen Regeln für das Erstellen einer solchen schriftlichen Dokumentation informieren. Versuchen Sie sich in Ihrem Projektteam daran zu halten, denn die Dokumentation ist ein wichtiger Bestandteil der Projektbeurteilung und damit Ihrer Projektnote. Alle Projektmitglieder sollten sich vor Beginn der Ausarbeitung der Dokumentation über deren Gestaltung einigen. Es empfiehlt sich, dass alle Beteiligten die formalen Grundlagen erhalten, sodass ein späteres Zusammenführen der Gruppenergebnisse zur Gesamtdokumentation erleichtert wird.

Betrachten Sie die Dokumentation als Ihr gemeinsames Kunstwerk – identifizieren Sie sich mit Ihrer individuellen und gemeinschaftlich erbrachten Leistung – seien Sie darauf mit Recht stolz!

5.10.2.2 Aus welchen Teilen besteht die Dokumentation in der Regel?

Die schriftliche Gesamtdokumentation besteht in der Regel aus den folgenden Teilen:

- Deckblatt
- Vorwort
- Inhaltsverzeichnis
- Textteil
- Abbildungsverzeichnis
- Literaturverzeichnis
- Anhang

Diese Teilbereiche sind bis auf das Vorwort, das Abbildungsverzeichnis und den Anhang in Ihrer Projektdokumentation zwingend vorgeschrieben. Jedes einzelne Element wird im Folgenden separat vorgestellt, sodass Sie ohne weiteres in der Lage sind Ihre schriftliche Dokumentation korrekt zu erstellen.

Das Deckblatt

Das Deckblatt sollte im Wesentlichen folgende Elemente enthalten:

- Projektthema (Titel und ggf. Untertitel)
- Art der Arbeit (z. B. Projektarbeit)
- Bezeichnung der Veranstaltung
- Veranstaltungsort und Jahr
- Verfasser der Arbeit
- Projektbetreuer bzw. Projektauftraggeber

Das Deckblatt für das Projektbeispiel „Konzeption eines modernen Aus- und Weiterbildungssystems" könnte wie folgt aussehen:

Kaufmännische Schule Göppingen

Projektarbeit zum Thema

Konzeption eines modernen Aus- und Weiterbildungssystems

Industriefachklasse 2KI1W
der
Kaufmännischen Schule Göppingen

Schuljahr 2006/07

Projektbetreuung:
StD Dieter Manz

Beispiel eines Deckblatts

Auf der CD finden Sie im Ordner „Vorlagen" in der Datei „Deckblatt zur Dokumentation" dieses Beispiel eines Deckblattes. Sie können es entsprechend Ihrem Projekt umgestalten.

Das Vorwort

Ein Vorwort ist für eine Projektdokumentation nicht unbedingt erforderlich. Wenn Sie wollen, können Sie hier kurz beschreiben, warum Sie sich mit dem Projektthema auseinander setzen und welche Bedeutung dieses für Sie hat. Sie können darin auch einen Dank an beteiligte Personen aussprechen.

Das Inhaltsverzeichnis

Das Inhaltsverzeichnis steht unmittelbar nach dem Deckblatt und soll den Leser durch den Text leiten. Es muss alle Bestandteile der Projektarbeit – versehen mit einer Seitenzahl – enthalten. Das Kernstück ist die Gliederung des Textes. Aber auch alle Vortexte, der Anhang sowie sämtliche Verzeichnisse müssen im Inhaltsverzeichnis erfasst werden.

In der Regel enthält das Inhaltsverzeichnis eine Dezimalgliederung, wobei die DIN-Norm 1421 vorschlägt maximal drei Gliederungsebenen zu verwenden. Alle Überschriften und Abschnitttitel im Inhaltsverzeichnis müssen in ihrer jeweiligen Ebene formal identisch sein.

Der Ausschnitt eines Inhaltsverzeichnisses zum PROJEKTBEISPIEL „Konzeption eines modernen Aus- und Weiterbildungssystems" könnte wie folgt aussehen:

Beispiel eines Inhaltsverzeichnisses zum Projektbeispiel

Auf der CD finden Sie dieses Beispiel im Ordner „Vorlagen" in der Datei „Anlegen eines Inhaltsverzeichnisses". Sie können es als Grundlage für Ihr Projekt benutzen und umgestalten.

Das weit verbreitete Textverarbeitungsprogramm Microsoft Word erstellt Ihr Inhaltsverzeichnis auch automatisch, wenn Sie folgendermaßen vorgehen:

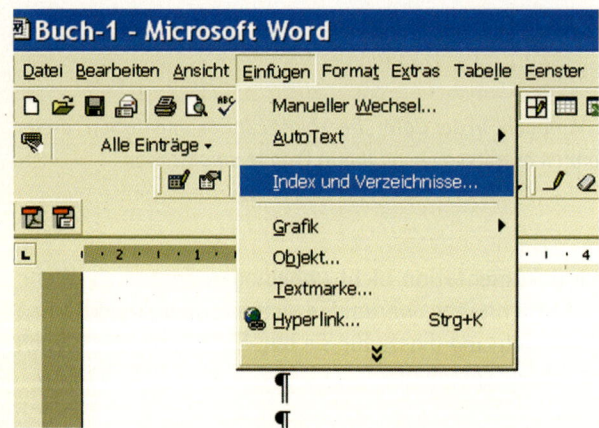

*Einfügen eines
Inhaltsverzeichnisses*

Über den Befehl „Einfügen" finden Sie das Menü „Index- und Verzeichnisse ...". Wenn Sie darauf doppelklicken öffnet sich ein Fenster, in dem Sie Art und Aussehen Ihres gewünschten Inhaltsverzeichnisses angeben und weitere Einstellungen vornehmen können.

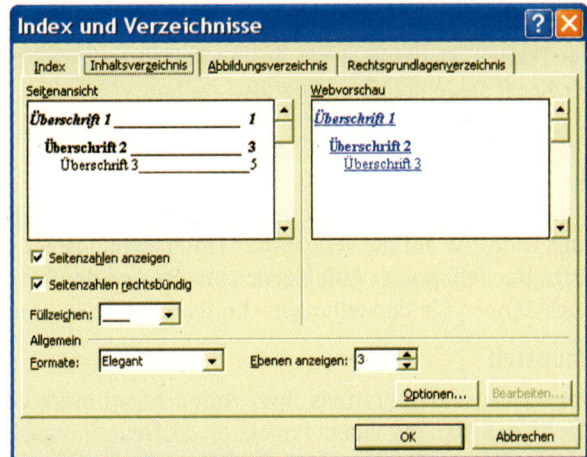

Automatische Erstellung eines Inhaltsverzeichnisses

Damit das Programm jedoch die Überschriften und deren Ebenen erkennen kann, müssen Sie diese vorher im Text kennzeichnen. Nach deren Markierung kommen Sie über den Befehl „Format" und durch Doppelklicken auf den Menüpunkt „Formatvorlage" in das Fenster „Formatvorlage":

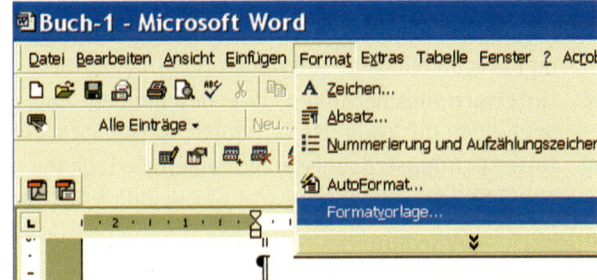

Formatierung der Überschriften

Im Fenster „Formatvorlage" können Sie nun der Überschrift „2. Ausbildung im Wandel der Zeit" das Format für die Überschriften der ersten Ebene zuordnen:

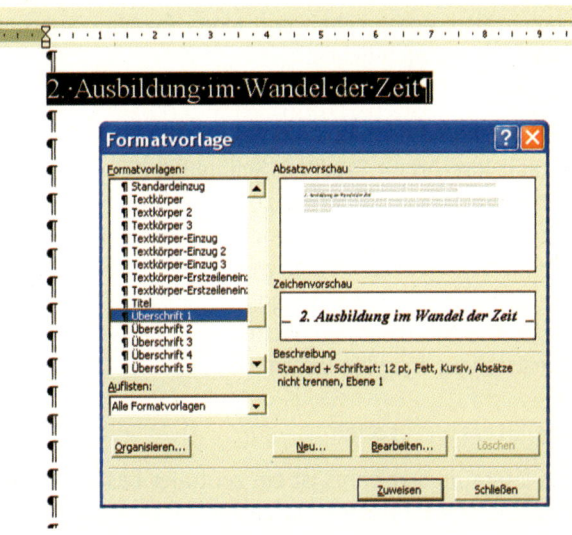

Zuordnung der Überschrift

Der Textteil

Der Textteil ist der zentrale Bestandteil Ihrer Projektdokumentation. Er besteht in der Regel aus einem dreigliedrigen Aufbau:

Einleitung

Hier erfolgt die Hinführung zu den grundlegenden Fragestellungen Ihres Projekts. Diese werden erläutert und ihre Bedeutung aufgezeigt. In der Einleitung geben Sie auch Hinweise auf die verwandten Untersuchungsmethoden. Außerdem erfolgt eine kurze Darstellung der Abfolge, des Inhalts und der Bedeutung der einzelnen Kapitel. Auch können Sie darstellungstechnische Hinweise geben.

Hauptteil

Der Aufbau des Hauptteils Ihrer Arbeit hängt stark vom Thema Ihres Projekts ab. Häufig will man mit einem Projekt etwas Neues herausfinden und führt deshalb eine empirische Untersuchung durch. Dann könnte der Hauptteil wie folgt gegliedert werden:

- **Forschungsstand – Theorieteil**: Sie geben eine kurze Übersicht über die vorliegende Forschung zum Thema. Außerdem erfolgt eine theoretische Begriffserklärung sowie eine Einordnung und Erläuterung der Fragestellung des Projekts.
- **Untersuchungsgegenstand**: Sie beschreiben, worauf sich Ihre Untersuchung bezieht. Hier erläutern Sie auch, welches Untersuchungsmaterial Sie benutzen und begründen diese Auswahl.
- **Untersuchungsmethoden**: Sie beschreiben das methodische Vorgehen und begründen die Wahl der von Ihnen verwandten Untersuchungsmethoden.
- **Untersuchungsergebnisse**: Sie zeigen die Ergebnisse der Untersuchung auf, diskutieren diese und stellen den Bezug zum bisherigen Forschungsstand her.

Ausblick – Würdigung

Hier fassen Sie kurz Ihre gesamte Arbeit von der Fragestellung bis zu den gewonnenen Ergebnissen zusammen. Sie können Empfehlungen aufgrund Ihrer gewonnenen Erkenntnisse aussprechen und einen Ausblick auf weiterführende Untersuchungen und Überlegungen geben.

Das Abbildungsverzeichnis

Enthält Ihre Arbeit Tabellen, Schaubilder und Diagramme, die fortlaufend nummeriert sind, fassen Sie diese zu einem Abbildungsverzeichnis zusammen. Den Text unter den Abbildungen übernehmen Sie in das Verzeichnis und geben die entsprechende Seitenzahl an. Dadurch ist eine bessere Übersicht über Ihre Abbildungen und ein schnelleres Auffinden möglich. Sie können das Abbildungsverzeichnis in gleicher Weise wie das Inhaltsverzeichnis vom Textverarbeitungsprogramm Microsoft Word selbstständig erstellen lassen.

Das Literaturverzeichnis

Das Literaturverzeichnis ist ein zentraler Bestandteil von wissenschaftlichen Texten, wozu auch die Dokumentation Ihrer Projektarbeit gehört. Es wird im Anschluss an die übrigen Verzeichnisse, aber vor einem eventuellen Anhang angeordnet. Im Literaturverzeichnis müssen Sie alle literarischen Materialien (Bücher, Zeitschriftenaufsätze, Drucksachen u. a.) aufführen, die Sie in der Projektdokumentation verwendet haben, d. h. alles, was Sie direkt oder indirekt zitiert oder worauf Sie Bezug genommen haben. Jeder nachweislich berücksichtigte Titel ist mit allen bibliografischen Angaben in das Literaturverzeichnis aufzunehmen.

Das Literaturverzeichnis wird alphabetisch nach dem Nachnamen der Autoren erstellt. Maßgebend ist bei mehreren Autoren eines Werkes der Nachname des ersten angegebenen Autors. Führen Sie von einem Autor mehrere Werke mit unterschiedlichem Erscheinungsdatum auf, ordnen Sie diese chronologisch (älteste Arbeit zuerst) an. Gibt es von einem Autor mehrere Veröffentlichungen in einem Jahr, dann wird zur Unterscheidung hinter die Jahreszahl ein Buchstabe angehängt (a, b, c, ...), der dann auch bei der Quellenangabe im Text erscheinen muss.

Bei der Erfassung der Werke gibt es mehrere alternative Formen. Im Folgenden sollen Ihnen nur die geläufigsten vorgestellt und empfohlen werden. Wichtig ist es, dass jeder Leser Ihrer Projektarbeit mit den Angaben im Literaturverzeichnis die Quelle in einer Bibliothek oder im Internet nachschlagen kann. Legen Sie deshalb ein großes Augenmerk auf die sorgfältige und insbesondere einheitliche formale Erstellung Ihres Literaturverzeichnisses.

HINWEIS/TIPP

Titelangabe bei Büchern mit einem Autor:

Name, Vorname (Erscheinungsjahr): Titel. Verlagsort: Verlag.

BEISPIEL

Wenn Sie das folgende Buch ins Literaturverzeichnis aufnehmen wollen, entnehmen Sie die Verlagsdaten und den Erscheinungsjahrgang auf einer der vorderen Buchseiten.

Dieter Kassner

Humor im Unterricht

Bedeutung – Einfluss – Wirkungen

Können schulische Leistungen und berufliche Qualifikationen durch Pädagogischen Humor verbessert werden?

Die Deutsche Bibliothek – CTP-Einheitsaufnahme

Ein Titeldatensatz für diese Publikation ist bei Der deutschen Bibliothek erhältlich.

ISBN 3-89676-551-5

© Schneider Verlag Hohengehren, 2002

Printed in Germany – Druck: Hofmann, Schorndorf

Daraus ergibt sich folgender Eintrag in Ihr Literaturverzeichnis:

Kassner, Dieter (2002): Humor im Unterricht. Bedeutung – Einfluss – Wirkungen. Hohengehren: Schneider Verlag.

REGEL

Titelangabe bei Büchern mit mehreren Autoren:

Name (1), Vorname (1); Name (2), Vorname (2) (Erscheinungsjahr): Titel. Verlagsort: Verlag.

BEISPIEL

Wenn Sie das folgende Buch ins Literaturverzeichnis aufnehmen wollen, dann entnehmen Sie die Verlagsdaten und den Erscheinungsjahrgang auf einer der vorderen Buchseiten.

Daraus ergibt sich folgender Eintrag in Ihr Literaturverzeichnis:

Hoffmann, Bärbel; Langefeld, Ulrich (1998): Methoden-Mix. Unterrichtliche Methoden zur Vermittlung beruflicher Handlungskompetenz in kaufmännischen Fächern. 3. Auflage. Darmstadt: Winklers Verlag.

REGEL

Titelangabe bei nicht selbstständiger Literatur – z. B. Zeitschriftenartikel:

Name, Vorname (Erscheinungsjahr): Titel. In: Reihe, Band, Verlagsort: Verlag.

BEISPIEL

Wenn Sie den folgenden Artikel in Ihrer Dokumentation zitieren, müssen Sie diesen ebenfalls in Ihr Literaturverzeichnis aufnehmen. Die Verlagsdaten, den Erscheinungszeitpunkt und die Nummer der Ausgabe entnehmen Sie der Umschlagseite oder einer der vorderen Heftseiten. Der Zeitschriftenname und die Ausgabennummer werden auf der Textseite nochmals wiederholt. Sie müssen auch die jeweiligen Seitenzahlen des Artikels angeben.

9740128

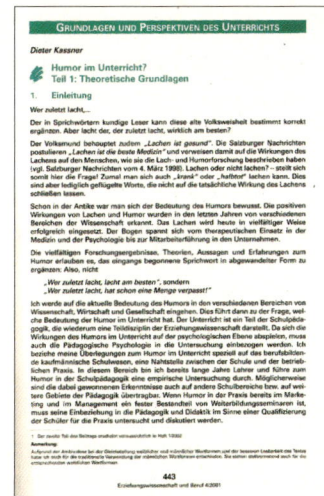

Daraus ergibt sich folgender Eintrag in Ihr Literaturverzeichnis:

Kassner, Dieter (2001): Humor im Unterricht? Teil 1 – Theoretische Grundlagen. In: Erziehungswissenschaft und Beruf, Band 4/2001. Seite 443 – 470. Rinteln: Merkur.

REGEL

Titelangabe bei Artikeln aus dem Internet:

Wenn Sie aus dem Internet zitieren, dann müssen Sie die entsprechende html-Seite belegen.

Name, Vorname (Erscheinungsjahr). Titel.
Im Internet: <http://www.internetseite.htm>

BEISPIEL

Wolff, Dieter (1998). Lernstrategien. Ein Weg zu mehr Lernerautonomie.
Im Internet: <http://www.ualberta.ca/german/idv/wolff1.htm>

Der Anhang

Ein Anhang ist nicht bei jeder Projektdokumentation notwendig. Hier können Sie aber interessante Quellen, Bilder, Grafiken und Auswertungen aufnehmen. Durch diese Materialien können Sie eine bessere Anschaulichkeit und Nachvollziehbarkeit des Inhalts der Arbeit erreichen. Außerdem entlastet der Anhang den Text des Hauptteils, wenn dort nur auf einzelne Beispiele eingegangen wird. Die vollständigen Ergebnisse und Beispiele erscheinen dann im Anhang.

5.10.2.3 Wie gestalten Sie die äußere Form der Arbeit?

Bei der Gestaltung Ihrer Projektdokumentation ist die äußere Form enorm wichtig. Deshalb sollen hier grundlegende Gestaltungsmöglichkeiten aufgezeigt werden.

Schriftart

Bei den meisten Dokumenten wird Times New Roman oder Arial verwendet. Natürlich können Sie jede andere beliebige Schriftart auswählen. Sie sollten jedoch unbedingt auf eine gute und füssige Lesbarkeit der Schrift achten. Diesem Anspruch kommt besonders Times New Roman entgegen. Beachten Sie auch, dass es Schriftarten gibt, die das Auge sehr schnell ermüden lassen. Zur Hervorhebung bzw. Absetzung bestimmter Textteile können Sie eine von Ihrer Standardschrift abweichende Schriftart wählen. Verwenden Sie nicht mehr als drei verschiedene Schriftarten in Ihrer Projektdokumentation.

Schriftgröße

Für das gute Lesen Ihrer Projektdokumentation ist die richtige Schriftgröße wichtig. Verwenden Sie bei der Schriftart Times New Roman die Schriftgröße „12 Punkte" und bei der Schriftart Arial die Schriftgröße „11 Punkte". Selbstverständlich können Sie bei Überschriften 2 Punkte größer und bei Fußnoten 2 Punkte kleiner gehen.

Verwenden Sie auch bei der Schriftgröße nicht mehr als drei verschiedene Varianten.

Schriftart und Schriftgröße können Sie im Microsoft Word ganz einfach in der folgenden dargestellten Symbolleiste auswählen:

Einstellen der Schriftart und Schriftgröße

Zeilenabstand

Wählen Sie in Ihrer Projektdokumentation einen Zeilenabstand von 1 bis 1,5. Diesen können Sie im Fenster „Absatz" einstellen, zu dem Sie über den Befehl „Format" kommen:

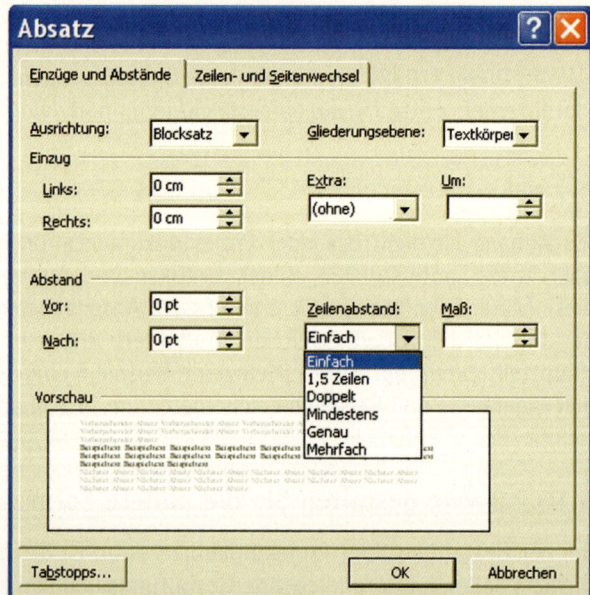

Einstellen des Zeilenabstandes

Ränder

Halten Sie in Ihrer Projektdokumentation die folgenden Ränder ein:

- Linker Rand: 4 cm
- Rand oben: 4 cm
- Rechter Rand: 2 cm
- Rand unten: 2 cm

Die Randmaße können Sie einstellen, indem Sie über den Befehl „Datei" zum Menüpunkt „Seite einrichten" kommen. Durch einen Doppelklick öffnet sich das Fenster, in dem Sie die gewünschten Randmaße eingeben können.

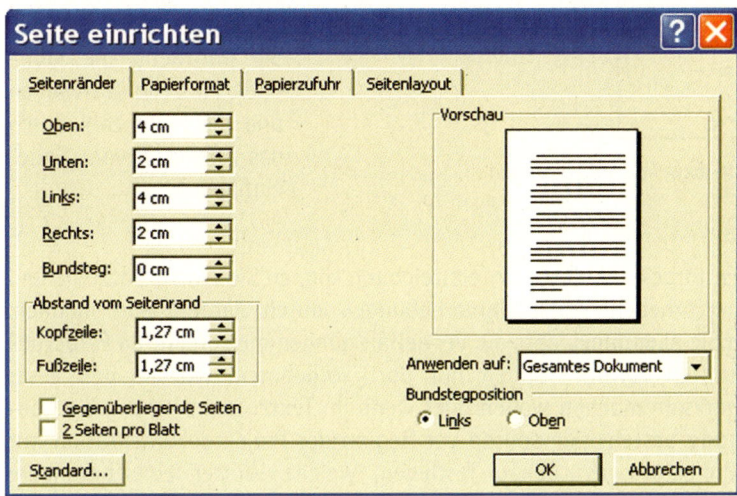

Festlegen der Randmaße

Bei diesen eingestellten Randmaßen bekommen Sie etwa 37 Zeilen mit 60 Zeichen auf eine Seite.

Blocksatz

Ordnen Sie den normalen Text als Blocksatz an. Dadurch ergibt sich ein einheitliches und sauberes Schriftbild. Durch Markieren des Textes und durch das Anklicken des Symbols „Blocksatz" erzielen Sie diese Textanordnung.

Seitenzahlen

Nummerieren Sie alle Seiten Ihrer Projektdokumentation ohne das Titelblatt. Beginnen Sie also mit dem Vorwort bzw. dem Inhaltsverzeichnis. Das Microsoft Word Textverarbeitungsprogramm zählt automatisch die Seitenzahlen mit, wenn Sie diese z. B. über den Befehl „Einfügen" und dort im

Einfügen von Seitenzahlen

Menüpunkt „Seitenzahlen" aktivieren. Sie können in dem Fenster festlegen, an welcher Position die Seitenzahlen auf der Dokumentenseite erscheinen sollen.

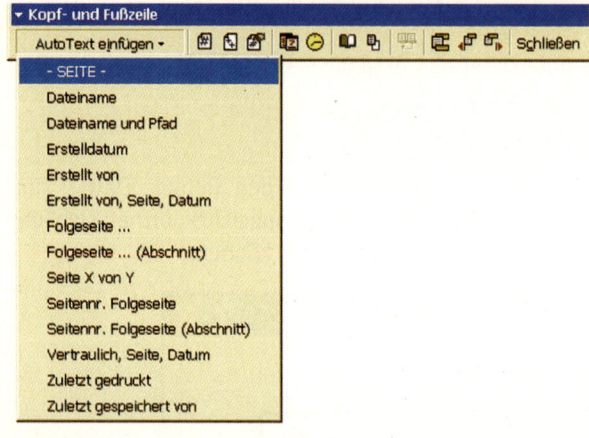

Seitenzahl in Kopf- bzw. Fußzeile einfügen

Eine andere Möglichkeit ist das Einfügen der Seitenzahlen in der Kopf- oder Fußzeile Ihres Projektdokuments. Diese können Sie über den Befehl „Ansicht" und den Menüpunkt „Kopf- und Fußzeile" einrichten. In dem geöffneten Fenster können Sie im Menü die Kopf- oder Fußzeile auswählen und die Seitenzahl durch das Anklicken von „Seite" einfügen.

Formatierungen

Durch Kursiv-, Fettdruck und durch Unterstreichung können Sie Worte, Satzteile und ganze Sätze hervorheben. Auch Hervorhebungen durch Farben sind möglich. Berücksichtigen Sie aber dabei, dass die Vervielfältigungen meist nicht im Farbdruck erfolgen. Sie sollten Formatierungen nur dort vornehmen, wo Sie den Leser besonders aufmerksam machen wollen oder wenn im Textzusammenhang eine besondere Bedeutung besteht. Sie sollten vor Beginn der Projektdokumentation mit den anderen Projektgruppen genau festlegen, welche Wörter eine besondere Bedeutung durch Formatierungen erhalten sollen. Vor allem sollten Sie die Formatierungen einheitlich und gleichmäßig vornehmen.

Abgabeform

Sie sollten sich mit Ihrem Projektleiter bzw. Ihrem Projektauftraggeber absprechen, in welcher Form die Projektdokumentation abgegeben werden soll. Bei einem kleineren Seitenumfang ist das Heften mit einer Klemmschiene möglich. Bei einer größeren Seitenzahl können Sie gegen ein geringes Entgelt Ihre Projektdokumentation in einem Copyshop heften oder gar mit festeren Umschlagkartons binden lassen. Achten Sie darauf, dass Ihre Projektdokumentation vom Leser bequem gelesen werden kann, ohne dass sich diese in Einzelteile auflöst – dies macht für die Bewertung keinen guten Eindruck.

5.10.2.4 Verarbeitung der Quellen im Text

Für das wissenschaftliche Arbeiten ist die Nachprüfbarkeit von Aussagen wichtig. Um dies dem Leser zu ermöglichen, müssen Sie ihm Hinweise auf die Quellen geben. Eine Quellenangabe meint dabei mehr als das reine Zitieren. Darunter fällt auch die Angabe über die Herkunft aller Gedanken, die über ein reines Allgemeinwissen hinausgehen. Fremde Texte dürfen von Ihnen also wörtlich und inhaltlich nur übernommen werden, wenn Sie deren Quellen angeben. Da Sie in Ihrer Projektdokumentation bestimmt auch auf fremde Quellen zurückgreifen müssen, sollen Sie im Folgenden ein paar Tipps zum richtigen Zitieren erhalten:

- Behalten Sie die einmal gewählte Zitierweise in Ihrer Projektdokumentation konsequent bei.
- Verwenden von direkten Zitaten (oder auch wörtliche Zitate):
  - Direkte Zitate sind Ausführungen eines Dritten, die in den eigenen Text übernommen werden. Sie sollten wörtliche Zitate nur für Kernaussagen und möglichst sparsam verwenden.
  - Achten Sie darauf, dass Sie wörtliche Zitate nicht aus ihrem Zusammenhang herausreißen.
  - Ein wörtliches Zitat müssen Sie bis ins kleinste Detail exakt übernehmen – auch mit der Schreibweise, den Hervorhebungen und sogar mit Rechtschreibfehlern.
  - Setzen Sie wörtliche Zitate „in Anführungszeichen". Ein Zitat im Zitat erhält „halbe Anführungszeichen".

BEISPIEL für ein direktes Zitat:

In seinem Werk über den Humor im Unterricht fasst Kassner alle beruflichen Fähigkeiten und Qualifikationen in ein übergeordnetes Qualifikationsziel zusammen. Demnach sieht er den Unterrichtserfolg im „Erwerb von Fähigkeiten zum erfolgreichen Durchleben zukünftiger ungewisser Lebenssituationen" (Kassner 2002, S. 106).

- Belegen Sie jedes wörtliche Zitat mit einem Quellenbeleg, der dem Zitat unmittelbar folgt.
- Verwenden von indirekten Zitaten (eine sinngemäße Wiedergabe):
  - Bei der indirekten Zitierweise wird der Text aus einer fremden Quelle nur sinngemäß, aber in eigenen Worten übernommen.
  - Es ist erwünscht, die Bezugnahme auf andere Autoren auch durch die Satzformulierungen auszudrücken.
  - Der Anfang und das Ende eines längeren indirekten Zitats müssen klar erkennbar sein.
  - Setzen Sie indirekte Zitate nicht in Anführungszeichen, sondern versehen Sie diese mit dem Hinweis „vgl." vor dem Quellenbeleg. Dadurch unterscheiden sich indirekte von direkten Zitaten.
  - Bezieht sich das indirekte Zitat auf einen ganzen Satz oder einen Abschnitt, dann steht der Quellenbeleg an dessen Ende; bei Kurzbeleg im Text (vgl. Beispiel) vor und bei der Fußnotenbelegmethode nach dem abschließenden Satzzeichen.

BEISPIEL für ein indirektes Zitat:

So hat Kassner festgestellt, dass der Humor zwar eine wichtige Lehrereigenschaft ist, die von den Schülern gewünscht wird. Sie rangiert allerdings nur im Mittelfeld von zwölf wichtigen Lehrereigenschaften (vgl. Kassner 2002, S. 158 – 161).

- Zitate sollten möglichst aus dem Originalwerk (Primärliteratur) entnommen werden und nicht aus einem Werk, das sich auf das Originalwerk bezieht (Sekundärliteratur). Hier besteht die Gefahr der Fehlerverbreitung. Sollte das Originalwerk nicht aufzutreiben sein und wollen Sie auf ein Zitat aus zweiter Hand nicht verzichten, dann weisen Sie auf diesen Umstand hin.

BEISPIEL für ein direktes Zitat, das ein direktes Zitat aus der Sekundärliteratur enthällt:

> Bei seinen Ausführungen zu den sozialen Interaktionen im Unterricht bezieht sich Kassner auf ein nicht veröffentlichtes Vorlesungsskript und formuliert: „Die gleichartigen Situationen ‚liefern konsistente Bedingungen, unter denen die Person konsistentes Verhalten zeigen kann und auch noch dafür verstärkt wird. Variationen der Situation führen notwendig zu Veränderungen (Wissen, Verhalten, Werthaltung usw.) der Person‘" (Huber 2000, zitiert in Kassner 2002, S. 83).

5.10.2.5 Das Belegen der Quellen

Bei den Zitaten wurde bereits darauf hingewiesen, dass Sie die im Text benutzten Quellen mit Seitenangaben belegen müssen. Dieser Quellenbeleg steht grundsätzlich im Anschluss daran, worauf er sich bezieht:

- bei direkten Zitaten im Anschluss an das Zitat,
- bei indirekten Zitaten im Anschluss an ein Wort, einen Satzteil oder einen Gedankengang.

Sie haben zwei Möglichkeiten des Quellenbelegs:

- Der Kurzbeleg im Text
- Die Fußnotenbelegmethode

Der Kurzbeleg im Text

Der Kurzbeleg wird direkt im Text aufgeführt. Da die Angaben ein schnelles Auffinden der Quelle im Literaturverzeichnis ermöglichen müssen, hat sich folgendes Grundmuster durchgesetzt:

HINWEIS/TIPP

> Bei direkten Zitaten:
>
> „Zitat" (Name Erscheinungsjahr, Seitenangabe) Schlusszeichen

BEISPIEL

> „Erwerb von Fähigkeiten zum erfolgreichen Durchleben zukünftiger ungewisser Lebenssituationen" (Kassner 2002, S. 106).

HINWEIS/TIPP

> Bei indirekten Zitaten:
>
> (vgl. Name Erscheinungsjahr, Seitenangabe) Schlusszeichen

BEISPIEL

> Sie rangiert allerdings nur im Mittelfeld von zwölf wichtigen Lehrereigenschaften (vgl. Kassner 2002, S. 158 – 161).

Wird der Name des Autors bereits im Text genannt, wird er in der Klammer nicht mehr wiederholt.

Zum gleichen Ergebnis kommt Kassner in seinen Untersuchungen, indem er bestätigt, dass ... (vgl. 2002, S. 213).

Zitieren Sie mehrmals kurz hintereinander aus dem gleichen Werk eines Autors, empfiehlt sich die Schreibweise „ebd." (ebenda), aber mit entsprechend geänderten Angaben zum Erscheinungsjahr und den Seitenzahlen.

Sie rangiert allerdings nur im Mittelfeld von zwölf wichtigen Lehrereigenschaften (vgl. ebd. 2002, S. 158 – 161).

Nur ein Frage- oder Ausrufezeichen am Ende eines Zitats wird noch innerhalb der Anführungsstriche geschrieben. Nach dem Quellenbeleg folgt dann trotzdem ein Punkt.

Im Rahmen seiner Untersuchung wirft er die Frage auf: „Welcher Humor trifft nicht die Bandbreite des Humors beim Schüler?" (Kassner 2002, S. 81).

Die Fußnotenbelegmethode

Bei dieser zweiten Alternative stehen die Fußnoten am Fuß einer Seite, wodurch man sie auf einen Blick sieht. Auf jede Fußnote wird im Text durch eine verkleinerte und hochgestellte arabische Ziffer verwiesen (Fußnotenvermerk). Diese Ziffer steht ohne einen weiteren Zusatz im Anschluss daran, worauf sie sich bezieht. Sie steht ohne Leerzeichen direkt nach dem Wort oder der Wortgruppe, bei direkten Zitaten nach den Anführungszeichen, aber noch vor einem nachfolgenden Satzzeichen.

BEISPIEL für ein direktes Zitat mit Fußnotenvermerk:

In seinem Werk über den Humor im Unterricht fasst Kassner alle beruflichen Fähigkeiten und Qualifikationen in ein übergeordnetes Qualifikationsziel zusammen. Demnach sieht er den Unterrichtserfolg im „Erwerb von Fähigkeiten zum erfolgreichen Durchleben zukünftiger ungewisser Lebenssituationen"[1].

Hinweis: Über die Platzierung der Fußnote können Sie sich weiter unten näher informieren.

HINWEIS/TIPP

Sie können den Fußnotenvermerk mit Microsoft Word wie folgt richtig gestalten: Markieren Sie die direkt hinter dem letzten Wort geschriebene Ziffer und gehen Sie in das Menü „Format". Dort klicken Sie auf den Menüpunkt „Zeichen" und Sie erhalten das folgende Fenster. Hier sollten Sie nur noch den Effekt „Hochgestellt" markieren. Bestätigen Sie mit „OK" und der Fußnotenvermerk ist richtig platziert. Das Microsoft Word Textverarbeitungsprogramm verkleinert die Schriftart beim Hochstellen automatisch.

Nun müssen Sie noch die Fußnoten selbst richtig platzieren. Die Fußnoten stehen am Fuß der jeweiligen Seite unterhalb vom Zitierstrich. Dies ist eine Linie, die den Textteil einer Seite von dem Fußnotenteil trennt. Der Zitierstrich befindet sich also am unteren Ende einer Seite. Er beginnt links und geht über $^1/_5$ bis $^1/_3$ der Seitenbreite. Unterhalb von ihm führen Sie dann die Fußnotenvermerke genau so wie im Text auf. Den Fußnotenvermerken folgt nach einem Leerzeichen der Fußnotentext.

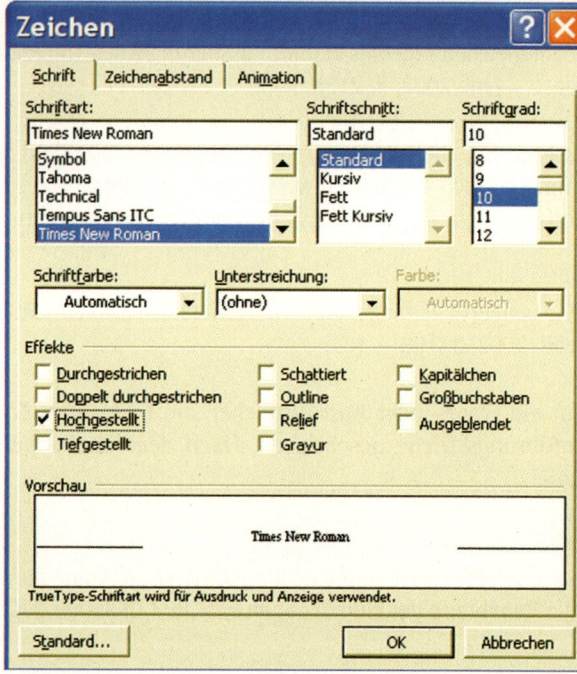

Formatierung des Fußnotenvermerks

Achten Sie darauf, dass alle Textzeilen im Fußnotentext bündig untereinander stehen. Dadurch heben sich die Fußnotenziffern ab. Innerhalb einer Fußnote sollten Sie einen einzeiligen Zeilenabstand wählen. Weitere Fußnoten auf derselben Seite setzen Sie durch eine $1^1/_2$-zeilige Leerzeile voneinander ab.

Den Text einer Fußnote schreiben Sie ganz normal, d. h., er beginnt mit Großschreibung und endet mit einem schließenden Satzzeichen. Wählen Sie eine um zwei Punkte verkleinerte Schrift für den Fußnotentext. Als Quellenbeleg genügt die Kurzbelegmethode, wenn Sie ein alphabetisiertes Literaturverzeichnis am Ende der Arbeit erstellen. Die Kurzbelegmethode hat die folgende Form:

REGEL

Hochgestellte Fußnotenziffer, Name, Erscheinungsjahr, Seitenangabe.

BEISPIEL

[1] Kassner 2002, S. 81.

Bei diesem Beispiel wurde sowohl für die hochgestellte Fußnotennummer als auch für den Fußnotentext die Schrift um zwei Punkte verkleinert. Wenn sich der Bezug auf eine Fundstelle wiederholt, können Sie hier mit „ebd." auf die erste Quellenangabe verweisen.

BEISPIEL

[2] vgl. ebd., S. 95.

Im Fußnotentext können Sie auch Anmerkungen zum eigentlichen Text Ihrer Projektdokumentation machen. Anmerkungen sind Hinweise, Ergänzungen und Erläuterungen, die zwar nicht direkt zum Text gehören, die aber dennoch wichtig sind. Sie können inhaltlich bedeutsam sein, dürfen jedoch nicht direkt zum Argumentationsstrang gehören. In die Anmerkungen gehören diejenigen Gedanken, die den Fluss der Arbeit unterbrechen, aber für das Verständnis eine gewisse Bedeutung haben. Dazu gehören:

- Hinweise auf ergänzende bzw. weiterführende Literatur
- Hinweise auf vergleichbare oder widersprüchliche Positionen in der Literatur, sofern sie über die Projektdokumentation hinausgehen.
- Klärung von Begriffen
- Ergänzende Informationen, die nicht unbedingt notwendig sind.
- Kommentare

Gehen Sie mit Anmerkungen sparsam um. Ihr Text muss auch ohne die Anmerkungen verständlich und lesbar sein.

5.11   Präsentation des Projekts

5.11.1 Bedeutung der Präsentation

Einen ganz wichtigen Raum innerhalb der Projektarbeit nimmt das Präsentieren Ihrer Ergebnisse ein. In der Phase der Projektdurchführung müssen Sie Ihre Gruppenergebnisse evtl. mehrmals den anderen Teams präsentieren. Am Ende der Projektarbeit steht dann das Highlight, die Präsentation des Gesamtprojekts, das dann meist auch in die Projektbeurteilung eingeht. Diese Präsentation ist die Krönung Ihres Projekts, an dem Sie lange gearbeitet haben.

Präsentation mithilfe der Metaplanwand

5.11.2 Was versteht man unter einer Präsentation?

Ist die Präsentation ein Vortrag, Unterricht oder eine Vorlesung?

Natürlich ist die Präsentation eine Darstellung eines Sachverhaltes für eine bestimmte Zielgruppe. Nur ist sie eine ganz besondere Art der Darstellung. Präsentieren ist eine Art „verkaufen". Sie sollten deshalb den Inhalt Ihrer Präsentation so aufbereiten, dass er beim Publikum auch ankommt. Das Publikum sollte vom Inhalt nicht nur begeistert sein, sondern diesen verstehen und behalten. Hierzu ist Ihr methodisch-didaktisches Geschick gefragt.

Neben der Vermittlung von fachlichen Inhalten stellen Sie sich als präsentierende Person dem Publikum möglichst gut dar und möchten bei diesem einen positiven Eindruck hinterlassen.

Die Präsentation beinhaltet

- ein Ringen um Aufmerksamkeit,
- das Wachhalten des Interesses,
- eine Selbstdarstellung,
- die Darstellung eines Problems und dessen Lösung,
- den Einsatz von audiovisuellen Medien,
- Mut zur Lücke,
- Mut zur Vereinfachung.

Sie hat einen Unterhaltungswert und macht Lust auf mehr, z. B. das Kennenlernen Ihrer schriftlichen Dokumentation. Dabei ist wichtig, dass der Inhalt sachlogisch stimmt und er dem Publikum durch vielfältigen Medieneinsatz möglichst verständlich dargestellt wird. Bei der Präsentation ist aber Ihre Körpersprache (vgl. hierzu Kapitel 5.8.1.2) und Ihre Stimme (vgl. hierzu Kapitel 5.8.1.1) enorm wichtig. Das Publikum achtet zu etwa 50 % auf die Körpersprache, zu etwa 30 % auf die Stimme und etwa 20 % auf den Inhalt. Ihre Fachkompetenz und Ihre Personalkompetenz sind gefordert.

Aus: In Anlehnung an Fegert, F.; Hergenröder, F.; Mechelke, G.; Rosum, K. (2002). Projektarbeit. Theorie und Praxis. LEU-Handreichung H-02/03. S. 107.

Die Präsentation des Gesamtprojekts erfolgt meist durch das Projektteam, d. h. durch mehrere Personen. Hierbei ist natürlich eine Abstimmung unter den Team-mitgliedern erforderlich, was einen größeren Vorbereitungsaufwand mit sich bringt. Sie werden jedoch mit einer interessanten, abwechslungsreichen und lebendigen Präsentation belohnt.

5.11.3 Welche Punkte müssen Sie vor einer Präsentation planen?

Wenn Sie die Präsentation im Team durchführen wollen, dann sollten Sie diese auch im Team planen. Folgende Punkte sind bei Ihrer Planung besonders wichtig:

- **Adressaten**

  Die Präsentation muss auf den Kreis der Zuhörer ausgerichtet werden. Eine Präsentation vor einem Fachgremium sieht anders aus als vor interessierten Laien, Sponsoren oder Stadträten. Versuchen Sie Ihre Zielgruppe möglichst genau zu bestimmen.

- **Inhalt**

  Sie haben sich im Laufe des Projekts ein umfangreiches Spezialwissen erworben, das Sie nun Ihrem Publikum präsentieren möchten. Wenn Sie die Ansprüche erfüllen wollen, die an eine erfolgreiche Präsentation gestellt werden, dann soll-ten Sie bei der Aufbereitung der fachlichen Inhalte die folgenden Erkenntnisse berücksichtigen:

Wir behalten

von dem, was wir lesen ...

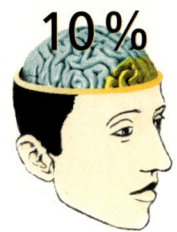

von dem, was wir hören ...

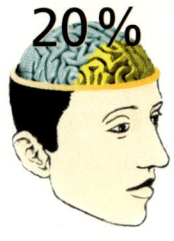

von dem, was wir sehen ...

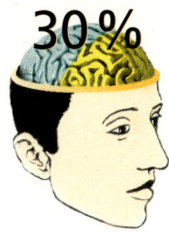

von dem, was wir hören und sehen ...

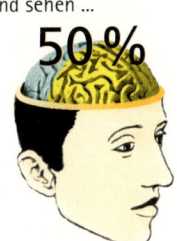

von dem, was wir selber sagen ...

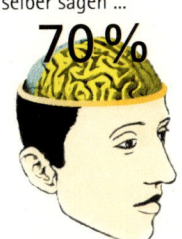

von dem, was wir selber tun ...

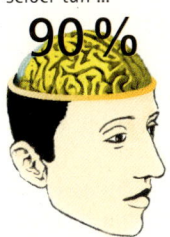

Wie viel behalten wir bei unterschiedlichen Aktionsformen?

Aus dieser Erkenntnis heraus dürfen Sie Ihr Publikum nicht durch das Vorlesen vieler Daten und Fakten überfordern. Anfänger neigen bei Präsentationen zu immer schnellerem Vortragen – die Zuhörer können dann nicht mehr folgen und sich die Inhalte schon gar nicht behalten. Planen Sie deshalb genau, welche Inhalte für Ihre Präsentation wichtig sind! Ordnen Sie diese ausgewählten Inhalte in eine logische Struktur und veranschaulichen Sie diese mit dem Einsatz vielfältiger Medien Ihrem Publikum. Sprechen Sie dabei mehrere Aufnahmekanäle an, um eine möglichst hohe Behaltensleistung zu erreichen. Dadurch werden Sie auch den unterschiedlichen Lerntypen Ihrer Zuhörer gerecht. Manche Teilnehmer nehmen Daten und Fakten besser visuell und andere wiederum eher akustisch auf. Treten Sie in Interaktionen mit Ihrem Publikum, stellen Sie Fragen, geben Sie Aufgaben oder lassen Sie Zuhörer selbst etwas tun. Gestalten Sie Ihre Präsentation möglichst vielfältig, abwechslungsreich und interessant.

Medien

Um den hohen Anforderungen an eine erfolgreiche Präsentation gerecht werden zu können, müssen Sie die Medien abwechslungsreich einsetzen. Bei der Planung sollten Sie sich darüber Gedanken machen, welche Inhalte Sie mit welchen Medien am wirkungsvollsten präsentieren können. Sie sollten prüfen, welche Medien für Ihre Präsentation zur Verfügung stehen und danach auch den Medieneinsatz planen. Mit den Medien bringen Sie dann die Inhalte Ihrer Präsentation unter Berücksichtigung der angesprochenen lernpsychologischen Erkenntnisse Ihrem Publikum näher. Dies beinhaltet in den meisten Fällen nicht nur das Verstehen, sondern auch das Behalten der Präsentationsinhalte. Um diesen Anspruch erfüllen zu können, müssen Sie natürlich mit den Medien auch sachgerecht umgehen können. Sie können sich darüber im Kapitel 5.11.5 informieren. Prüfen Sie immer, ob Ihr geplanter Medieneinsatz methodisch-didaktisch und lernpsychologisch sinnvoll ist.

■ **Körpersprache**

Sie können Ihr Auftreten bei der Präsentation nicht bis ins kleinste Detail planen. Trotzdem sollten Sie sich über planbare Elemente der Körpersprache im Voraus Gedanken machen. Hierzu gehören:

– Die angemessene Kleidung:
  Wählen Sie die Kleidung aus, die für die Rahmenbedingungen Ihrer Präsentation angemessen ist. Ganz wichtig ist hierbei der Adressatenkreis, an den sich die Präsentation richtet. Vermeiden Sie jegliche extreme Kleidung wie z. B. Bermudashorts mit Sandalen oder aber ein totales Overdressing.

– Die räumliche Positionierung:
  Sie können im Voraus planen, von welcher Stelle aus jedes einzelne Teammitglied präsentiert. Dies hängt häufig von den eingesetzten Medien ab. Auch können wesentliche Bereiche der Körpersprache gedanklich vorweggenommen werden, wie z. B. eine offene Haltung zum Publikum, Blickkontakt zum Publikum halten oder eine positive Haltung rüberbringen. Vermeiden Sie ein aufgeregtes Umherwandern vor dem Publikum.

■ **Stimme – Sprache**

Im Kapitel 5.8.1.1 – Verbale Kommunikation wird auf die Stimme als Ausdrucksmittel eingegangen. Dort ist erwähnt, dass die Stimme Ausdruck Ihrer Persönlichkeit und Ihres momentanen Befindens ist. Der Zuhörer merkt z. B. die Nervosität in der Stimme, ein emotionaler Aspekt, der im Voraus nicht geplant werden kann. Trotzdem können Sie zur Stimme und zur Sprache für Ihre Präsentation ein paar Punkte planen:

– Die Erfahrung zeigt, dass vor allem Anfänger in Reden, Vorträgen und Präsentationen dazu neigen, immer schneller zu sprechen. Sie wollen ihren Auftritt vor dem Publikum möglichst schnell hinter sich bringen und Schnellredner gelten wohl auch als kompetent. Doch die Zuhörer werden überfordert, sie schalten ab und können den Worten nicht mehr folgen. Sie sollten deshalb ganz bewusst Pausen einplanen, um das Sprechtempo zu reduzieren. Deshalb folgender Tipp: Sprechen Sie bewusst langsamer und lauter als gewöhnlich.

– Es kommt seltener vor, dass das Sprechtempo zu langsam und zu stockend ist. Aber auch dieses andere Extrem sollten Sie bei Ihrer Präsentation vermeiden. Nehmen Sie sich vor, dass Sie deutlich sprechen und Ihre Stimme variieren und modulieren.

– Planen Sie, ob Ihre Präsentation im Dialekt oder in Hochdeutsch erfolgen soll. Bei einem Publikum, das keinen Dialekt versteht, erübrigt sich diese Frage. Es gibt kein feststehendes Rezept hierzu. Vielleicht ein Hinweis: Sprechen Sie natürlich, so wie Sie es gewohnt sind und wie es zu Ihrer Persönlichkeit passt.

■ **Vortrag**

Bei einer Präsentation sollte möglichst frei gesprochen werden. Meist ist es jedoch schwierig, den gesamten Inhalt auswendig zu lernen. Wie soll man nun vorgehen? Schlecht ist es, wenn Sie das Skript in normaler Schreibform auf einem dicht beschriebenen DIN-A4-Papier erstellt haben und dann bestimmte Stellen nicht mehr finden. Sie dürfen das Skript auch nicht wörtlich ablesen, denn das führt zu einem immer schnelleren Sprechen und wirkt sehr steril. Das reine Vorlesen ist kein Präsentieren von Inhalten. Deshalb sollten Sie im Voraus planen, welche Inhalte Sie ablesen und welche Sie auswendig vortragen werden.

Entscheidende Passagen sollten Sie auswendig lernen, was Ihnen eine gewisse Sicherheit gibt. Denken Sie daran: Nur eine möglichst freie Rede überzeugt.

Wahrscheinlich äußern Sie jetzt bereits Zweifel: „Ich kann niemals einen Vortrag frei halten!" „Was ist, wenn ich nicht mehr weiter weiß?" Sie können als Hilfe so genannte Speakernotes anfertigen. Das sind kleine Kärtchen, auf denen Sie gut lesbar Stichworte oder Satzanfänge schreiben. Diese Kärtchen können durchnummeriert und evtl. farblich markiert werden. Dadurch, dass keine vollständigen Sätze auf den Kärtchen stehen, sind Sie gezwungen, zu den Stichworten eigene Sätze zu bilden, die verständlich sind und die zu Ihrer Persönlichkeit passen. Überlange und kunstvolle Satzkonstruktionen werden dadurch vermieden. Ihre Präsentation wird lebendig, die Zuhörer folgen Ihren Ausführungen motiviert und können die Inhalte besser nachvollziehen. Selbstverständlich können Sie Zitate, Daten und Fakten jederzeit von Ihren Kärtchen wörtlich ablesen.

- **Ablauf**

Vor der Präsentation sollten Sie natürlich den gesamten Ablauf planen. Hierzu gehört, dass die Aktivitäten der einzelnen Teammitglieder in eine Reihenfolge gebracht und aufeinander abgestimmt werden. Sie sollten den dabei notwendigen Medieneinsatz planvoll koordinieren. Im nächsten Kapitel finden Sie Hinweise auf die Ablaufplanung. Wichtig ist für Sie: Erstellen Sie einen detaillierten Ablaufplan.

Freie Rede mit Merkkärtchen

5.11.4 Planung des Präsentationsverlaufs

Alle geplanten Punkte werden nun in einen konkreten Ablaufplan integriert. Hier die wesentlichen Schritte eines Präsentationsablaufs:

- Begrüßung
- Persönliche Vorstellung
- Vorstellung des Präsentationsablaufs
- Regularien
- Einleitung – Aufhänger – Problemstellung
- Hauptteil
- Abschluss

Im Folgenden werden die einzelnen Phasen der Präsentation etwas genauer beschrieben:

Begrüßung

Sie wissen selbst – der erste Eindruck beim Kennenlernen eines Menschen ist ganz wichtig. Deshalb ist die richtige Begrüßung Ihres Publikums ein bedeutungsvoller Beginn Ihrer Präsentation. Überlegen Sie sich genau, mit welchen Sätzen Sie beginnen.

BEISPIEL

> „Ich begrüße Sie auch im Namen meines Kollegen ganz herzlich zur Präsentation unserer Projektarbeit mit dem Titel ‚Konzeption eines modernen Aus- und Weiterbildungssystems'."

Persönliche Vorstellung

Oft ist die persönliche Vorstellung der Präsentierenden, zumindest deren Namen, bereits in der Begrüßung enthalten. Sie kann sich auch nahtlos daran anfügen.

BEISPIEL

> „Mein Name ist Alexander Kissling. Neben mir ist meine Kollegin Verena Moll. Wir werden Ihnen die verschiedenen Themenbereiche abwechselnd präsentieren."

Um mit dem Publikum näher in Kontakt zu kommen, können Sie kurz etwas über sich sagen, z. B. warum Sie sich gerade mit diesem Projektthema befasst haben. Wenn es zum Thema passt, können Sie hierzu eine Anekdote oder einen Witz erzählen. Dies lockert natürlich die Atmosphäre und damit die Beziehung zu Ihrem Publikum auf.

Vorstellung des Präsentationsablaufs

Damit sich Ihr Publikum mit dem Präsentationsablauf vertraut machen kann, sollten Sie diesen anhand der einzelnen Präsentationsschritte vorstellen. Hierzu können Sie aus mehreren möglichen Medien wählen. Für das Publikum ist es angenehm, wenn es die Präsentationsschritte während der gesamten Präsentation nachvollziehen kann. Es sieht, dass eventuell auftretende Fragen von Ihnen in einem späteren Punkt geklärt werden. Hierfür eignet sich besonders ein Flipchart, das Sie gut sichtbar aufstellen können.

Geben Sie Ihrem Publikum den von Ihnen geplanten Zeitrahmen für Ihre Präsentation bekannt. Bei längeren Präsentationen sollten Sie klarstellen, ob Sie eine Pause eingeplant haben und wie lange diese eventuell sein soll. Auch dies ist für die geistige Auseinandersetzung und die gedankliche Antizipation Ihres Präsentationsverlaufs hilfreich.

Bezogen auf das Projektbeispiel „Konzeption eines modernen Aus- und Weiterbildungssystems" könnte der Verlaufsplan wie folgt aussehen:

Präsentationsverlauf

1. Begrüßung und persönliche Vorstellung

2. Präsentationsverlauf und Regularien

3. Wie kam es zu dem Projekt

4. Welche Anforderungen stellt der Beruf des/der Industriekaufmanns/frau?

5. Welche rechtlichen Grundlagen sind bei der Ausbildung zu beachten?

Beispiel eines Präsentationsablaufs auf Flipchart

Regularien

Es empfiehlt sich, dass Sie vor Beginn der inhaltlichen Präsentation eventuelle Regelungen bekannt geben. Klären Sie z. B., ob und wann Ihr Publikum Fragen zum Thema stellen kann. Lassen Sie Fragen während Ihrer Präsentation oder am Ende zu? Fragen während dem Präsentationsverlauf können diesen unter Umständen stören oder Sie aus Ihrem Konzept bringen. Deshalb wäre es besser, wenn Sie hierfür einen eigenständigen Punkt einplanen würden.

Klären Sie auch, ob das Publikum während Ihrer Präsentation mitschreiben soll oder ob es von Ihnen Unterlagen erhält. Lassen Sie Ihre Zuhörer darüber nicht in Unsicherheit – auch das kann zu Störungen im Präsentationsablauf führen.

Einleitung – Aufhänger – Problemstellung

Nun beginnen Sie mit der eigentlichen Präsentation. Versuchen Sie Ihr Publikum für Ihr Thema zu motivieren – ja, zu begeistern! Wenn Ihnen dies gelingt, haben Sie die Aufmerksamkeit und das Interesse der Zuhörer für Ihre Präsentation geweckt. Wie können Sie das erreichen?

Stellen Sie Ihrem Publikum ein Problem vor, mit dem es sich auseinander setzen soll. Dies kann das Kernproblem sein, weshalb Sie sich überhaupt mit dem Projektthema befasst haben. Die Vorstellung dieses Problems kann in verschiedenen Formen geschehen:

- Mit einem Zeitungsausschnitt,
- mit einem Bild,
- mit einem kurzen Film,
- mit einer Karikatur,
- mit einem Witz,
- mit einer Anekdote,
- mit statistischen Zahlen.

Achten Sie darauf, dass Sie Ihrem Publikum das Problem so aufzeigen, dass es davon ergriffen wird. Dies erreichen Sie durch eine emotionale Problemschilderung in Verbindung mit einer oder mit mehreren der aufgeführten Darstellungsformen.

Die Problemstellung zum PROJEKTBEISPIEL „Konzeption eines modernen Aus- und Weiterbildungssystems" könnte wie folgt aussehen:

Sie zeigen Ihrem Publikum die nebenstehende Grafik auf einer Folie am OH-Projektor und verweisen auf den Text des fiktiven Zeitungsausschnitts:

Sie können diesen Aufhänger mit weiteren Meldungen, Zahlen oder Berichten zur beruflichen Aus- und Weiterbildung verstärken. So können Sie z. B. durchaus Ihr Publikum emotional ergreifen, wenn Sie Zahlen über Befragungen von Ausbildungsbetrieben vorlegen, die dokumentieren, dass häufig Lehrstellen nicht besetzt werden, weil viele Jugendliche sich nicht benehmen können oder mangelnde soziale Kompetenzen aufweisen.

Präsentationsfolie am OH-Projektor mit Zeitungsausschnitt

Sie sehen, dass es viele Möglichkeiten gibt, wie Sie Ihr Publikum fesseln können. Gestalten Sie den Einstieg in Ihre Präsentation sehr sorgfältig und verwenden Sie darauf einige Energie. Der richtige Einstieg ist ein ganz wichtiger Schritt für Ihre erfolgreiche Präsentation.

Hauptteil

Im Hauptteil präsentieren Sie alles, was inhaltlich so wichtig ist, dass es Ihr Publikum unbedingt erfahren muss und Sie Ihr Ziel der Präsentation erreichen. Hier stellen Sie Ihre Lösungen, Argumente und Schlussfolgerungen vor. Sie veranschaulichen Ihre Untersuchungsergebnisse anhand von Schaubildern, Diagrammen und Tabellen mit dem Einsatz verschiedener Medien (vgl. hierzu das folgende Kapitel 5.11.5).

Achten Sie bei den Darstellungen Ihrer Projektergebnisse darauf, dass diese dem Publikum verständlich aufbereitet werden. Denken Sie daran – das Publikum sieht und hört Ihre Zahlen, Daten und Fakten zum ersten Mal und muss deshalb die Möglichkeit haben, diese erst einmal erfassen zu können. Vermeiden Sie es, durch offensichtlich tolle Darstellungen in Ihrer Präsentation glänzen zu wollen. Endlose Messreihen und Statistiken in Zahlenkolonnen aufgeführt haben in einer Präsentation nichts zu suchen. Diese langweilen das Publikum und bringen keinen Erkenntniszuwachs.

Versuchen Sie hingegen Zahlen so darzubieten, dass sich das Publikum eine Vorstellung davon machen kann. Machen Sie aus Zahlen interessante Fakten wie z. B. die möglichen Ergebnisse zum

PROJEKTBEISPIEL:

Nicht: „Von 1 112 befragten Ausbildungsbetrieben beklagen 558 die mangelnde Sozialkompetenz ihrer Ausbildungsplatzbewerber."
Sondern: „Jeder zweite Ausbildungsbetrieb beklagt die mangelnde Sozialkompetenz seiner Ausbildungsplatzbewerber."
Nicht: „Überfachliche Kompetenzen sind für 288 der 889 befragten Personalchefs wichtiger als fachspezifische Kenntnisse."
Sondern: „Überfachliche Kompetenzen sind für ein Drittel aller befragten Personalchefs wichtiger als fachspezifische Kenntnisse."

Für die Zuhörer ist es abwechslungsreicher, wenn der Hauptteil von mehreren Personen im Team präsentiert wird. Der Hauptteil kann arbeitsteilig in Module zerlegt werden, wobei jeder Präsentationsteilnehmer eines oder mehrere davon übernimmt. Damit die einzelnen Präsentationsbereiche nicht isoliert stehen, sollten Sie darauf achten, dass Sie Überleitungen zu den jeweiligen Personen einplanen.

Empfehlenswert ist auch, dass beispielsweise zwei Personen gleichzeitig präsentieren und sich dabei ergänzen. Eine Person trägt den Inhalt möglichst frei vor, während die andere Person gleichzeitig diesen Inhalt mit einem Medium (z. B. Pinnwand, Folie, Flipchart) dem Publikum veranschaulicht.

Das Publikum löst während einer Präsentation Aufgaben.

Ihre Präsentation wird abwechslungsreicher, wenn Sie Ihr Publikum besonders im Hauptteil in Ihre Präsentation mit einbeziehen. Dies können Sie durch Fragestellungen oder kleine Aufgaben erreichen. Sehr interessant ist auch ein Rollenspiel, anhand dessen bestimmte Daten und Fakten veranschaulicht werden. So kann z. B. ein Beratungsgespräch über ein Bankprodukt als Rollenspiel gestaltet werden. Während des Beratungsgesprächs werden die darin angesprochenen Daten, Fakten und Berechnungen von einer weiteren präsentierenden Person anhand eines Mediums synchron dem Publikum aufgezeigt. Sie sehen, dass Ihrer Kreativität keine Grenzen gesetzt sind. Beachten Sie jedoch, dass Sie den Präsentationsverlauf des Hauptteils im Voraus detailliert planen. Dies ist umso wichtiger, je mehr Personen und Medien daran beteiligt sind, die sich abwechseln und gegenseitig ergänzen.

Abschluss

Auch für Ihre Präsentation gilt die Weisheit: „Ein guter Schluss ziert alles!" Sie können aber auch mit einem schlechten Abschluss eine bislang gute Präsentation verderben. Verwenden Sie deshalb viel Sorgfalt auf diesen Präsentationsteil.

Nicht: „Äh, na ja, also ... äh, das wars dann ..." Sondern: „Wir sind nun fast am Ende, aber ich möchte noch ganz kurz ..." Lassen Sie Ihr Publikum noch einmal aufhorchen und setzen Sie ein weiteres Highlight. Auch hier gilt das Gleiche wie bei der Einleitung. Versuchen Sie Ihr Publikum emotional zu ergreifen, indem Sie die interessantesten Ergebnisse Ihres Projekts nochmals ganz kurz zusammenfassen und deren Bedeutung für die Gegenwart und die Zukunft herausheben. Garnieren Sie dies evtl. mit einem Zitat, einer Anekdote, einem Witz oder mit etwas Besinnlichem. Und vergessen Sie nicht sich beim Publikum für die Aufmerksamkeit zu bedanken.

Erfolgt Ihre Präsentation im Rahmen der Stofferschließung eines Fachunterrichts, ist es empfehlenswert, wenn Sie in der Abschlussphase von Ihrem Publikum eine kleine Lernzielwiederholung lösen lassen. Dies kann spielerisch in Form von humorvollen Aufgaben oder eines Kreuzworträtsels erfolgen. Dadurch müssen alle Beteiligten nochmals die präsentierten Inhalte überdenken und reflektieren.

Zum Abschluss wird das Publikum nochmals einbezogen.

- Der aufgezeigte Präsentationsverlauf ist nur eine Empfehlung. Es ist auch möglich, dass Sie Ihre Präsentation in anderen Schritten planen, sofern es die Rahmenbedingungen erfordern und es methodisch sinnvoll erscheint.
- Planen Sie den Präsentationsverlauf sehr sorgfältig und versuchen Sie durch Kreativität Ihre Präsentation interessant und abwechslungsreich zu gestalten.
- Beziehen Sie Ihr Publikum geschickt mit in Ihre Präsentation ein. Dadurch ist Ihre Präsentation abwechslungsreich, wird verlangsamt und für das Publikum besser nachvollziehbar.

5.11.5 Präsentationsmedien, Präsentationsmethoden und –techniken

Damit Sie den Anforderungen an eine erfolgreiche Präsentation gerecht werden können, sollten Sie sich vorher mit den methodischen Einsatzmöglichkeiten der verschiedenen Präsentationsmedien auseinander setzen.

Präsentation mithilfe von Pinnwänden

In der folgenden Tabelle sind die verschiedenen Präsentationsmedien, deren Verwendungsmöglichkeiten und ihre Vorteile übersichtlich dargestellt. Auch werden Hinweise zu den Präsentationstechniken gegeben, die Sie beim Einsatz der jeweiligen Medien beachten sollten.

Medienart	Verwendbarkeit in der Präsentation Vorteile in der Anwendung	Hinweise zur Präsentationstechnik
Schreibtafel 	■ Sie können synchron zum Ablauf Ihrer Präsentation geplante Strukturen erstellen, mit Kreide beschriften und Verbindungen herstellen. ■ Eine Schreibtafel ist häufig schon im Schulungs- oder Seminarraum vorhanden. ■ Die Schreibtafel ist meist gut sichtbar im Raum angebracht.	■ Die Schreibtafel muss vor der Präsentation absolut sauber sein. ■ Wenn Magnete auf der Tafel haften, können auch Metaplankarten angeheftet werden. Ist die Tafel nicht magnetisch, können Sie hierfür Klebezettel verwenden. ■ Wollen Sie etwas an die Tafel schreiben oder befestigen oder das Tafelbild dem Publikum erklären, achten Sie auf eine offene Körperhaltung (vgl. Heidemann 1999, S. 95). Wenden Sie dem Publikum nicht für längere Zeit den Rücken zu oder schauen es über die Schulter an, sondern lösen Sie sich immer wieder von der Tafel und wenden Sie sich offen Ihrem Publikum zu.
Whiteboard 	■ Sie können synchron zum Ablauf Ihrer Präsentation geplante Strukturen erstellen, mit einem Boardmarker beschriften und Verbindungen herstellen. ■ Ein Whiteboard ist häufig schon im Schulungs- oder Seminarraum vorhanden. ■ Das Whiteboard ist meist gut sichtbar im Raum angebracht.	■ Das Whiteboard muss vor der Präsentation absolut sauber sein. ■ Wenn Magnete auf dem Whiteboard haften, können auch Metaplankarten angeheftet werden. Ist das Whiteboard nicht magnetisch, können Sie hierfür Klebezettel verwenden. ■ Wollen Sie etwas an das Whiteboard schreiben oder befestigen oder die Abbildung dem Publikum erklären, achten Sie auf eine offene Körperhaltung (vgl. Heidemann 1999, S. 95). Wenden Sie dem Publikum nicht den Rücken zu oder schauen es über die Schulter an, sondern lösen Sie sich immer wieder vom Whiteboard und wenden Sie sich offen Ihrem Publikum zu.

Medienart	Verwendbarkeit in der Präsentation Vorteile in der Anwendung	Hinweise zur Präsentationstechnik
Pinnwand 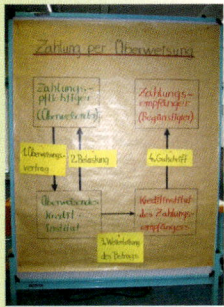	■ An der Pinnwand können Sie synchron zum Ablauf Ihrer Präsentation geplante Strukturen entwickeln. ■ Sie können an der Pinnwand während Ihrer Präsentation ungeplante Darstellungen entwickeln und diese nach Bedarf sehr gut verändern. ■ Pinnwände sind leicht und beweglich. ■ Sie können mehrere Pinnwände nebeneinander stellen. ■ Sie können die Pinnwand vor Ihrer Präsentation vorbereiten und diese Seite durch Wegdrehen vom Publikum verdecken. Während Ihrer Präsentation können Sie dann durch Umdrehen der Pinnwand die vorbereitete Seite sichtbar machen. ■ Sie können die Pinnwände in der Präsentationspause oder nach Ihrer Präsentation stehen lassen, sodass sich das Publikum bei Interesse diese weiter betrachten kann.	■ Achten Sie beim Beschriften der Pinnwand auf die Ausführungen zur Metaplantechnik (vgl. Kapitel 5.3). ■ Stellen Sie die Pinnwände so auf, dass Sie von allen Zuhörern gut eingesehen werden können. Manchmal ist es notwendig die Pinnwände etwas höher zu stellen. ■ Planen Sie nicht nur den Inhalt der Pinnwände, sondern auch deren Platzierung im Präsentationsraum. ■ Achten Sie auch beim Präsentieren mit der Pinnwand auf eine offene Körperhaltung zu Ihrem Publikum hin – nicht vor der Pinnwand stehen und diese verdecken.
Flipchart 	■ Ein Flipchart ist kleiner als eine Pinnwand. ■ Ein Flipchart kann wie die Pinnwand flexibel eingesetzt werden. ■ Sie können die Seiten vor der Präsentation vorbereiten und im Präsentationsverlauf darin entsprechend blättern. ■ Sie können während der Präsentation neue Blätter entwickeln. ■ Flipcharts bieten sich gut an für einen Willkommenstext oder für die Darstellung des Präsentationsablaufs.	■ Achten Sie auf die Lesbarkeit Ihres Flipcharts – testen Sie dies vor der Präsentation. ■ Vergleichen Sie auch die weiteren Hinweise zur Präsentationstechnik mit der Pinnwand.

Medienart	Verwendbarkeit in der Präsentation Vorteile in der Anwendung	Hinweise zur Präsentationstechnik
Informations- oder Arbeitsblatt 	■ Während Ihrer Präsentation kann es notwendig sein, dass Sie dem Publikum einen Text oder Bilder an die Hand geben müssen. ■ Dies ist notwendig, wenn Sie – Ihrem Publikum Aufgaben stellen, – das Publikum in die Präsentation mit einbeziehen wollen, – das Publikum einen Lernzieltest ausfüllen lassen, – dem Publikum bestimmte Informationen mitgeben wollen.	■ Gestalten Sie das Informations- bzw. Arbeitsblatt sauber und sorgfältig – wenn möglich mit einem Textprogramm am Computer. ■ Teilen Sie solche Blätter erst an der Stelle Ihrer Präsentation aus, an der sie auch benötigt werden. Ansonsten wird das Publikum von Ihrem Vortrag abgelenkt.
Realobjekt 	■ Wenn es der Veranschaulichung dient, können Sie im Rahmen Ihrer Präsentation auch reale Gegenstände zeigen. ■ Realobjekte können auch die Aufmerksamkeit und die Motivation des Publikums steigern. ■ Die gezeigten Gegenstände müssen eindeutig zum Thema passen – nicht zeigen, weil diese gerade vorhanden sind.	■ Überlegen Sie sorgfältig, wie Sie Ihrem Publikum das Objekt zeigen wollen. Dabei ist wichtig, dass jeder Anwesende das Realobjekt entsprechend sehen kann. Das kommt jedoch auf dessen Größe an: – Große Objekte können Sie dem Publikum von Ihrer Position aus zeigen. – Bei Objekten von mittlerer Größe könnten Sie das Publikum bitten, aufzustehen und nach vorne zu kommen, um es zu betrachten. ■ Das Aufstehen und Vorkommen des Publikums empfiehlt sich nur bei einem kleinen Teilnehmerkreis – Ihre Präsentation könnte sonst empfindlich gestört werden. ■ Lassen Sie keine Realobjekte durch die Reihen des Publikums gehen – dessen Aufmerksamkeit auf Ihre Präsentation wird dadurch gestört.

Medienart	Verwendbarkeit in der Präsentation Vorteile in der Anwendung	Hinweise zur Präsentationstechnik
Modell 	■ Im Rahmen Ihrer Präsentation können Sie selbstverständlich auch ein Modell vorzeigen, wenn es zum Thema passt und die Anschaulichkeit Ihres Vortrags erhöht. ■ Was ist überhaupt ein Modell? Im Gegensatz zu einem Realobjekt ist ein Modell eine vereinfachte Darstellung eines realen Gegenstands wie z. B. ein Flugzeugmodell, ein Modellauto oder das Modell eines Hauses. ■ Beim Einsatz eines Modells in Ihrer Präsentation gelten die gleichen Ausführungen wie zum Realobjekt.	■ Überlegen Sie sorgfältig, wie Sie Ihrem Publikum das Modell zeigen wollen. Dabei ist wichtig, dass jeder Anwesende das Modell entsprechend sehen kann. Das kommt jedoch auf dessen Größe an: – Große Modelle können Sie dem Publikum von Ihrer Position aus zeigen. – Bei Modellen von mittlerer Größe könnten Sie das Publikum bitten, aufzustehen und nach vorne zu kommen, um es zu betrachten. ■ Das Aufstehen und Vorkommen des Publikums empfiehlt sich nur bei einem kleinen Teilnehmerkreis – Ihre Präsentation könnte sonst empfindlich gestört werden. ■ Lassen Sie keine Modelle durch die Reihen des Publikums gehen – dessen Aufmerksamkeit auf Ihre Präsentation wird dadurch gestört.
OH–Projektorfolien 	■ Eines der am häufigsten eingesetzten Präsentationsmedien ist der Overheadprojektor (OH-Projektor). ■ Die von Ihnen erstellten Folien werden vom OH-Projektor an eine Wand projiziert. ■ Auf Folien können Sie sehr gut – Originale kopieren (Zeitungsausschnitte, Bilder, Gesetzestexte u. a.), – Diagramme oder – Strukturen darstellen.	■ Stellen Sie den OH-Projektor vor Ihrer Präsentation so ein, dass die Folie scharf projiziert wird und die Größe der Projektionsfläche mit der Foliengröße übereinstimmt. ■ Drehen Sie sich während der Präsentation nicht zur Projektionswand, sonst wenden Sie dabei dem Publikum den Rücken zu. ■ Schauen Sie ab und zu auf die Folie am OH-Projektor, wenn Sie diese kommentieren wollen. Halten Sie dabei aber hauptsächlich Blickkontakt zu Ihrem Publikum.

Medienart	Verwendbarkeit in der Präsentation Vorteile in der Anwendung	Hinweise zur Präsentationstechnik
Fortsetzung: **OH-Projektor-folien** 	■ Erstellen Sie Ihre Folien nicht handschriftlich, sondern sauber und übersichtlich mithilfe Ihres Textverarbeitungsprogramms am Computer. Beachten Sie aber hierbei: – Verwenden Sie eine solche Schriftgröße, dass der Text bequem vom Publikum gelesen werden kann. – Setzen Sie gezielt Farben ein – aber nicht mehr als drei. – Ihre Folie sollte nur Stichworte enthalten. ■ Manche Originaltexte müssen auf die Folie mitunter mehrfach vergrößert kopiert werden, bis sie für das Publikum lesbar sind. ■ Benutzen Sie zum Kopieren mit einem Kopiergerät nur hierfür speziell empfohlene Folien – falsche Folien können schmelzen und das Kopiergerät zerstören. ■ Sie können auch Folien mit Ihrem Drucker am PC erstellen. Für Tintenstrahldrucker benötigen Sie hierfür spezielle Folien, die auf der farbaufnehmenden Seite etwas angeraut sind. ■ Neben den vorgefertigten Folien können Sie während Ihrer Präsentation auch Folien mit entsprechenden Folienstiften beschriften. Sie ergänzen so z. B. einen Text, eine Struktur oder zeigen eine Berechnung auf.	■ Lesen Sie nicht den Text wörtlich vor, sondern erklären Sie die Stichworte auf der Folie mit eigenen freien Worten. Schmücken Sie den Text mit Beispielen aus. ■ Überschriften, Zitate und wichtige Aussagen können von Ihnen selbstverständlich wörtlich abgelesen werden – dadurch wird deren Bedeutung unterstrichen. ■ Wenn Sie auf der Folie etwas zeigen wollen, verwenden Sie hierfür einen Stift, den Sie an entsprechender Stelle auf die Folie legen – nicht mit dem Finger zeigen. ■ In einer offenen Körperhaltung zum Publikum können Sie auch etwas mit einem Zeigestock oder einem Laserpointer an der Projektionswand zeigen. ■ Decken Sie nur den Teil Ihrer Folie auf, den Sie gerade besprechen. Den anderen Bereich decken Sie mit einem Blatt Papier ab (Abdecktechnik). Dadurch wird das Publikum nicht abgelenkt und kann sich voll auf Ihre Ausführungen konzentrieren. ■ Komplexe Darstellungen können Sie schrittweise durch Übereinanderlegen von Teilfolien entstehen lassen. Jede Teilfolie hat die gleiche Größe und Struktur, jedoch einen erweiterten Inhalt.

9740152

Medienart	Verwendbarkeit in der Präsentation Vorteile in der Anwendung	Hinweise zur Präsentationstechnik
Fortsetzung: **OH-Projektor- folien**		■ Wenn Sie in Ihrer Präsentation mehrere Folien haben, sollten Sie diese nummerieren – ansonsten können Ihre Folien schnell durcheinander kommen. ■ Denken Sie daran, dass das Publikum den Folientext zum ersten Mal sieht und genügend Zeit braucht, um diesen zu erfassen. ■ Schalten Sie den OH-Projektor ab, wenn er nicht mehr benötigt wird. Sie können auch die Projektionsfläche mit Papier abdecken. Das Publikum soll nicht durch die bereits besprochene Folie abgelenkt werden. ■ Wenn Ihre Präsentation mit Ihren Folien „steht oder fällt", sollten Sie eine Ersatz-Glühbirne oder einen Ersatz-Projektor bereithalten. ■ Denken Sie beim Einsatz von mehreren elektrischen Geräten an die entsprechende Stromversorgung – besorgen Sie sich hierzu am besten eine Mehrfachsteckdose.
Tonbandgerät und CD-Player	■ Mit beiden Audiogeräten können Sie Ton in Ihre Präsentation einbauen. ■ Ein Einsatz empfiehlt sich zum Beginn oder zum Abschluss einer Präsentation. ■ Sie können Ihre Präsentation mit einer Titelmelodie versehen. ■ Mit Musik können Sie ganz gezielt die Aufmerksamkeit oder die Emotionen des Publikums wecken. ■ Neben Musik können Sie mit Audiogeräten auch Interviews,	■ Überprüfen Sie vor der Präsentation die Lautstärke und stellen diese vorher exakt ein. ■ Während des Abspielens des Tonbandes oder der CD stehen Sie hinter oder neben dem Abspielgerät und behalten zu Ihrem Publikum Blickkontakt. ■ Denken Sie beim Einsatz von mehreren elektrischen Geräten an die entsprechende Stromversorgung – besorgen Sie sich hierzu eine Mehrfachsteckdose.

Medienart	Verwendbarkeit in der Präsentation Vorteile in der Anwendung	Hinweise zur Präsentationstechnik
Fortsetzung: **Tonbandgerät und CD-Player**	Reden oder Nachrichten in der Präsentation wiedergeben. ■ Der verwendete Ton muss zum Thema passen. ■ Verwenden Sie Tonausschnitte maßvoll.	
Diaprojektor mit Dias	■ Mit einem Diaprojektor können Sie Dias auf eine helle Fläche groß und mit guter Qualität projizieren, sodass sie auch von einem größeren Publikum gut gesehen werden können. ■ Dias eignen sich sehr gut, um Ihre Präsentation visuell zu beleben. Sie können damit die Aufmerksamkeit und die Emotionen Ihres Publikums wecken. ■ Denken Sie daran, dass ein Bild sich besser einprägt als das Gesprochene. Dies gilt auch für die anderen visuellen Medien. ■ Sie können eigene Dias verwenden oder sich Dias z. B. bei Bildstellen ausleihen. ■ Wie bei den anderen audiovisuellen Medien sollten Sie darauf achten, dass die eingesetzten Dias zu Ihrem Präsentationsthema passen müssen. ■ Verwenden Sie nicht zu viele Dias.	■ Überprüfen Sie vor der Präsentation, ob der Diaprojektor richtig eingestellt ist und ob das projizierte Bild von jedem Sitzplatz aus gesehen werden kann. ■ Sie können an der Projektionswand auf dem projizierten Bild mit einem Zeigestock oder einem Laserpointer in offener Körperhaltung dem Publikum etwas genauer zeigen. ■ Denken Sie beim Einsatz von mehreren elektrischen Geräten an die entsprechende Stromversorgung – besorgen Sie sich hierzu eine Mehrfachsteckdose. ■ Achten Sie darauf, dass der Raum verdunkelt werden kann.
Filmprojektor	■ Mit einem Filmprojektor können Sie 8mm- oder 16mm-Filme auf eine helle Fläche groß und mit guter Qualität projizieren, sodass sie auch von einem größeren Publikum gut gesehen werden können.	■ Legen Sie vor der Präsentation den Film mit dem genauen Beginn des zu zeigenden Filmausschnitts ein. ■ Überprüfen Sie vor der Präsentation, ob der Filmprojektor richtig eingestellt ist und ob das projizierte Bild von jedem

Medienart	Verwendbarkeit in der Präsentation Vorteile in der Anwendung	Hinweise zur Präsentationstechnik
Fortsetzung: **Filmprojektor**	■ Kurze Filmausschnitte eignen sich sehr gut, um Ihre Präsentation visuell zu beleben. Sie können damit die Aufmerksamkeit und die Emotionen Ihres Publikums wecken. ■ Sie können die Filme bei Bildstellen ausleihen. ■ Prüfen Sie sehr sorgfältig, ob der Filmeinsatz in Ihrer Präsentation didaktisch wünschenswert ist. ■ Wie bei den anderen audiovisuellen Medien sollten Sie darauf achten, dass der Filmausschnitt nicht zu lang ist, ganz genau zu Ihrem Präsentationsthema passt und dieses visuell unterstützt. ■ Die traditionellen 16mm-Filme werden immer mehr von Videobändern, CDs und DVDs abgelöst. ■ Verwenden Sie die 16mm-Filme aufgrund des hohen Vorbereitungsaufwandes nur dann, wenn diese Filme nicht auf anderen Medien erhältlich sind.	Sitzplatz aus gesehen werden kann. ■ Stellen Sie vor der Präsentation die Lautstärke am Filmprojektor ein. ■ Sie können an der Projektionswand auf dem projizierten Bild mit einem Zeigestock oder einem Laserpointer in offener Körperhaltung dem Publikum etwas genauer zeigen. ■ Denken Sie beim Einsatz von mehreren elektrischen Geräten an die entsprechende Stromversorgung – besorgen Sie sich hierzu eine Mehrfachsteckdose. ■ Achten Sie darauf, dass der Raum verdunkelt werden kann.
Videogerät mit Fernsehgerät und Videofilm	■ Sie können in Ihrer Präsentation auch Videofilme vom Videorekorder abspielen lassen und dem Publikum über ein Fernsehgerät zeigen. ■ Videofilme eignen sich sehr gut, um Ihre Präsentation visuell zu beleben. Sie können damit die Aufmerksamkeit und die Emotionen Ihres Publikums wecken. ■ Sie können z. B. kurze Ausschnitte aus historischen Filmen, Werbespots, Interviews oder von einmaligen Ereignissen zeigen.	■ Denken Sie daran, dass bei einem größeren Publikum ein normaler Bildschirm zu klein sein kann. Prüfen Sie dies vor Ihrer Präsentation und entscheiden Sie, ob dieser Medieneinsatz sinnvoll ist. ■ Überprüfen Sie vor Ihrer Präsentation die Funktion beider Geräte. ■ Stellen Sie die Lautstärke am Fernsehgerät richtig ein und überprüfen Sie evtl. die richtige Spureinstellung am Videorekorder.

Medienart	Verwendbarkeit in der Präsentation Vorteile in der Anwendung	Hinweise zur Präsentationstechnik
Fortsetzung: **Videogerät mit Fernsehgerät und Videofilm**  	■ Bei manchen Filmen sind auch Standbilder sinnvoll, die Sie dann fachgerecht kommentieren können, wie z. B. bei Grafiken, Diagrammen u. a. ■ Auch beim Einsatz von Videos gilt die didaktische Forderung, dass der gezeigte Film zum Thema passen muss und dieses veranschaulicht. ■ Gehen Sie mit dem Einsatz von Videoausschnitten maßvoll um.	■ Stehen Sie während des Abspielens neben dem Videorekorder, um diesen bedienen zu können. ■ Beim Einsatz von Standbildern können Sie dem Publikum in offener Körperhaltung mit einem Zeigestock etwas am Bildschirm erklären. ■ Sollte der Einsatz beider Geräte für Ihre Präsentation enorm wichtig sein, stellen Sie Ersatzgeräte bereit. ■ Denken Sie beim Einsatz von mehreren elektrischen Geräten an die entsprechende Stromversorgung – besorgen Sie sich hierzu eine Mehrfachsteckdose. ■ Achten Sie darauf, dass der Raum verdunkelt werden kann.
Beamer-Folien mit Laptop und PowerPoint 	■ Wenn Sie einen Beamer, einen Laptop und ein Präsentationsprogramm wie z. B. Microsoft PowerPoint zur Verfügung haben, können Sie diese Medien hervorragend in Ihrer Präsentation einsetzen. ■ Mit PowerPoint erstellen Sie die Folien, die Ihre Präsentation visuell unterstützen sollen (vgl. hierzu Kapitel 5.11.8). ■ Sie können die Folien interessant und abwechslungsreich animieren und haben damit ein professionelles Präsentationsinstrument zur Verfügung. ■ Die Folien werden über den Beamer an eine helle Wand so groß projiziert, dass sie vom Publikum gut gesehen werden können.	■ Installieren und überprüfen Sie sorgfältig vor der Präsentation die Geräte. ■ Denken Sie, wie auch bei den anderen elektrischen Geräten, an eine Mehrfachsteckdose. ■ Schließen Sie zur Sicherheit auch den Laptop an das Stromnetz an! ■ Starten Sie das Präsentationsprogramm vor Ihrer Präsentation. ■ Stellen Sie den Beamer richtig ein, sodass das Bild zur Größe der Präsentationsfläche passt und von allen Anwesenden gesehen werden kann. ■ Achten Sie darauf, dass der Bereich der Projektionsfläche abgedunkelt werden kann.

Medienart	Verwendbarkeit in der Präsentation Vorteile in der Anwendung	Hinweise zur Präsentationstechnik
Fortsetzung: **Beamer-Folien mit Laptop und PowerPoint**  	■ Die Einsatzmöglichkeiten des Präsentationsprogramms sind vielfältig: – Text, der gleichzeitig zum gesprochenen Wort auf der Folie erscheint, – Darstellung und Entwicklung von Strukturen, – Darstellung von gescannten Bildern, Karikaturen und Zeitungsausschnitten, – Einfügen von Ton und Film. ■ Die einzufügenden Bilder können Sie einfach mit einer digitalen Fotokamera gestalten. Ihre Bilder werden mithilfe einer speziellen Software auf Ihren PC überspielt und danach können Sie diese in Ihre Präsentation einbinden. ■ Setzen Sie PowerPoint nur ganz gezielt in Ihrer Präsentation ein, um die Aufmerksamkeit und die Emotionen des Publikums zu wecken. Sie haben eine hervorragende Möglichkeit, durch den richtigen Einsatz Ihre Zuhörer zu motivieren. Sie können dieses Medium auch mehrfach an verschiedenen Stellen Ihrer Präsentation verwenden. ■ Machen Sie nicht diesen typischen Anfängerfehler: Da das Animieren der Folien Spaß macht, will man möglichst viele Animationsmöglichkeiten verwenden. Dies bringt aber eine zu große Unruhe in die Präsentation, das Publikum wird davon ab-	■ Platzieren Sie den Bildschirm des Laptops so, dass Sie diesen bequem einsehen können, wenn Sie mit Blickkontakt zum Publikum reden. ■ Schauen Sie während Ihrer Präsentation nicht zur Projektionswand, sondern verfolgen Sie den Fortgang nur mit einem Seitenblick auf den Bildschirm des Laptops. ■ Bei dieser Präsentationsart erübrigt sich meistens das Zeigen an der Projektionsfläche, da dies bereits in der Folie mit einem Pfeil animiert werden kann. Sollte es dennoch notwendig sein, zeigen Sie mit einem Zeigestock oder einem Laserpointer in offener Körperhaltung und mit Blickkontakt zum Publikum auf die Projektionsfläche. ■ Drehen Sie Ihrem Publikum nicht den Rücken zu und sprechen Sie nicht zur Projektionswand. ■ Geben Sie selbst mit der Maus den Befehl zum Weitermachen. Gut geeignet ist hierfür eine Funkmaus, die ohne Kabelverbindung zum Laptop funktioniert. ■ Lesen Sie in der Regel den Text einer Folie nicht wörtlich ab, sondern erklären Sie den Inhalt mit eigenen freien Worten und Beispielen. Zitate, Überschriften und ganz besondere Textstellen sollten Sie jedoch wörtlich vom Bildschirm des Laptops ablesen,

Medienart	Verwendbarkeit in der Präsentation Vorteile in der Anwendung	Hinweise zur Präsentationstechnik
Fortsetzung: **Beamer–Folien mit Laptop und PowerPoint**	gelenkt und kann sich nicht auf den Inhalt konzentrieren. Es ist zwar amüsant, wenn jeder einzelne Buchstabe eines Textes verbunden mit einem lauten Schuss oder einem Zischen ins Bild hereinfliegt, doch bringt es außer einer Ablenkung und Erheiterung des Publikums für den Präsentationsfortschritt nichts. Dies können Sie mit entsprechenden Folien-inhalten wie Karikaturen, Zitaten oder Witzen besser bewirken.	um dadurch deren Bedeutung herauszuheben. ■ Achten Sie darauf, dass der Bereich der Projektionsfläche abgedunkelt werden kann.
Beamer–DVD–Video mit Laptop und Digital-Video-kamera 	■ Sie können ein DVD-Video mit einem Laptop abspielen und über den Beamer auf eine helle Fläche projizieren. Der Laptop sollte mit einem DVD-Laufwerk ausgestattet sein. ■ Filme mit geringerem Umfang passen auch auf eine CD und können wie eine DVD abge-spielt werden. ■ Für Ihre Präsentation könnten sich fertige Datenträger mit fachspezifischen Inhalten oder aber selbst erstellte CDs oder DVDs eignen. ■ Zur Aufnahme von eigenen Filmen benötigen Sie eine digitale Videokamera. Die damit aufgenommenen Filme übertragen Sie dann mithilfe einer Filmbearbei-tungssoftware auf Ihren PC. Mit dieser Software können Sie Ihre Aufnahme beliebig schneiden und mit vielfältigen audiovisuellen Effekten ani-mieren. Somit haben Sie die Möglichkeit,	■ Installieren und überprüfen Sie sorgfältig vor der Präsentation die Geräte. ■ Denken Sie, wie auch bei den anderen elektrischen Geräten, an eine Mehrfachsteckdose. ■ Schließen Sie zur Sicherheit auch den Laptop an das Stromnetz an. ■ Starten Sie das Präsentations-programm bzw. das Medien-programm vor Ihrer Präsenta-tion. ■ Stellen Sie den Beamer richtig ein, sodass das Bild zur Größe der Präsentationsfläche passt und von allen Anwesenden gesehen werden kann. ■ Achten Sie darauf, dass der Bereich der Projektionsfläche evtl. abgedunkelt werden kann. ■ Platzieren Sie den Bildschirm des Laptops so, dass Sie diesen bequem einsehen können, wenn Sie mit Blickkontakt zum Publikum reden.

Medienart	Verwendbarkeit in der Präsentation Vorteile in der Anwendung	Hinweise zur Präsentationstechnik
Fortsetzung: **Beamer-DVD-Video mit Laptop und Digital-Video-kamera** 	den Film speziell für Ihre Präsentation zu erstellen. In den Film können Sie auch digitalisierte Bilder aufnehmen. ■ Das selbst erstellte Video speichern Sie dann je nach Datenumfang auf eine CD oder DVD an Ihrem PC. ■ Sollten Sie eine PowerPoint-Präsentation einplanen, können Sie Ihr Video auf eine der Folien einfügen und im Rahmen dieser Präsentationsart abspielen lassen. ■ Verwenden Sie dieses Medium nur ganz gezielt in Ihrer Präsentation, um die Aufmerksamkeit und die Emotionen des Publikums zu wecken. Sie haben eine hervorragende Möglichkeit, durch den richtigen Einsatz Ihre Zuhörer zu motivieren. Sie können dieses Medium auch mehrfach an verschiedenen Stellen Ihrer Präsentation einsetzen. ■ Für eigene Filme eignen sich z. B. aufgezeichnete Nachrichten oder Reportagen vom Fernsehgerät, die zum Präsentationsthema passen. Außerdem sind hierfür alle Ereignisse möglich, zu denen das Publikum einen besonderen Bezug hat und somit jeder Zuhörer persönlich ergriffen wird.	■ Schauen Sie während Ihrer Videovorführung nicht zur Projektionswand, sondern verfolgen Sie den Fortgang nur mit einem Seitenblick auf den Bildschirm des Laptops. ■ Bei dieser Präsentationsart erübrigt sich meistens das Zeigen an der Projektionsfläche. Sollte es dennoch notwendig sein, zeigen Sie mit einem Zeigestock oder einem Laserpointer in offener Körperhaltung und mit Blickkontakt zum Publikum auf die Projektionsfläche. ■ Drehen Sie Ihrem Publikum nicht den Rücken zu und sprechen Sie nicht zur Projektionswand. ■ Geben Sie selbst mit der Maus den Befehl zum Weitermachen. Gut geeignet ist hierfür eine Funkmaus, die ohne Kabelverbindung zum Laptop funktioniert. ■ Achten Sie darauf, dass der Bereich der Projektionsfläche abgedunkelt werden kann.

Präsentation unter Einbeziehung verschiedener Medien

5.11.6 Üben Sie Ihre Präsentation!

Vor Ihrer Präsentation sollten Sie den Ablauf üben. Dies gilt ganz besonders, wenn Sie die Präsentation im Team vornehmen und mehrere Medien abwechselnd einsetzen wollen. Suchen Sie sich hierfür einen oder mehrere Zuhörer. Sie werden schnell merken, dass es einen Unterschied macht, ob Sie ohne Zuhörer reden oder ob eine Person anwesend ist.

HINWEISE/TIPPS

- Kontrollieren Sie sich mit Stoppuhr, Tonband oder Videokamera.
- Akzeptieren Sie Ihre fremde Stimme bzw. Ihr fremdes Aussehen und lassen Sie sich davon nicht ablenken.
- Überprüfen Sie Ihre Körperhaltung und die damit verbundene nonverbale Kommunikation. Beachten Sie hierzu die Ausführungen im Kapitel 5.8.1.2.
- Notieren Sie sich Verbesserungsmöglichkeiten und diskutieren Sie diese im Präsentationsteam.
- Versuchen Sie sich zum Präsentationstermin kontinuierlich zu verbessern.

5.11.7 Der Ernstfall – Ihr Auftritt!

Überprüfen Sie kurz vor der Präsentation nochmals alle Medien, ob sie richtig funktionieren und wie geplant platziert sind. Je näher es zum Start geht, desto stärker werden Sie merken, wie Sie nervöser werden – das Lampenfieber meldet sich.

Denken Sie daran, dass eine großartige Leistung nur mit einer gewissen Nervosität möglich ist. Diese hilft nämlich Ihre Aufmerksamkeit, Leistungsbereitschaft und Motivation zu erhöhen.

Sollten Sie jedoch das Gefühl haben, dass es Ihnen die Sprache verschlägt, versuchen Sie sich selbst zu beruhigen, indem Sie sich klar machen, dass ja nichts schief gehen kann.

Sagen Sie zu sich selbst die folgenden Sätze:

- Meine Präsentation ist gut geplant.
- Die Probe der Präsentation war gut.
- Alle Medien sind gut vorbereitet.
- Ich präsentiere in einem guten Team.
- Ich präsentiere vor einem netten Publikum, das an meinen Ausführungen interessiert ist.

Selbstverständlich können Sie für sich auch andere Sätze verwenden. Wichtig ist, dass Sie hierbei eine gewisse Sicherheit bekommen und Ihr Lampenfieber kontrollieren können.

Nun treten Sie vor Ihr Publikum und nehmen zu diesem Blickkontakt auf. Versuchen Sie trotz Ihrer Nervosität ruhig und sicher zu wirken Mit einem Lächeln können Sie gleich zu einer freundlichen und angenehmen Atmosphäre beitragen.

5.11.8 Präsentation mit PowerPoint

Im Kapitel 5.11.5 wurde der methodische Einsatz des Präsentationsprogramms Microsoft PowerPoint beschrieben und Präsentationshinweise hierzu gegeben. Angesichts der vielfältigen Einsatzmöglichkeiten dieses Programms bei Präsentationen ist es sinnvoll, dass Sie sich mit seiner Funktionsweise auseinander setzen. Das Programm ist im Office-Paket von Microsoft enthalten und bestimmt auch auf Ihrem PC installiert.

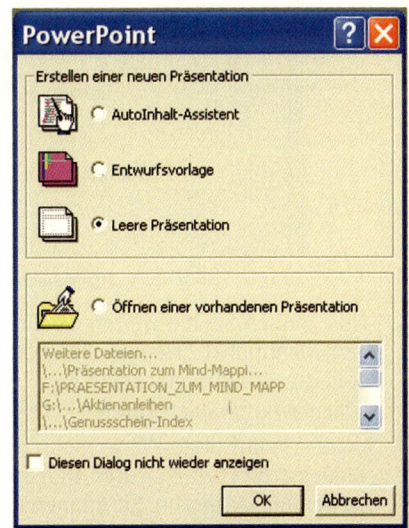

Hier ein paar grundlegenden Schritte zu Ihrer ersten PowerPoint-Präsentation:

- Nach dem Start von PowerPoint erscheint das nebenstehende Menü:
- Markieren Sie „Leere Präsentation" und bestätigen Sie dies mit „OK".
- Es erscheint das folgende Fenster „Neue Folie", wo Sie die Art der Gestaltung Ihrer ersten Folie wählen können. Dies ist nur eine Hilfe, denn jede Folie kann von Ihnen nach Bedarf abgeändert und gestaltet werden.

Startmenü von PowerPoint

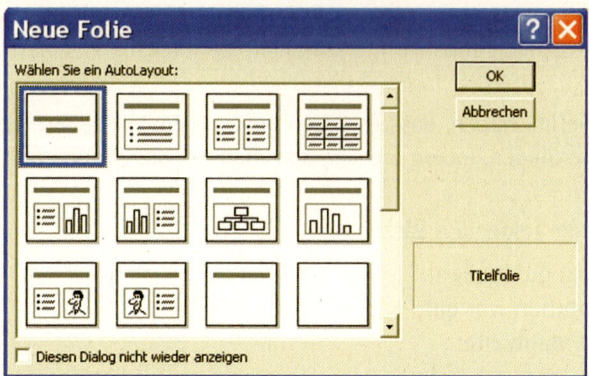

Fenster zur Auswahl der Folienart

■ Wollen Sie z. B. Ihre Titelfolie schreiben, markieren Sie die erste Folie und bestätigen Sie dies mit „OK". Es erscheint eine leere Folie mit zwei Textfeldern, die Sie nun beschriften können. Die Schriftart und -größe können Sie beliebig wählen. Auch den Hintergrund Ihrer Folien können Sie beliebig gestalten. Wenn Sie mit der rechten Maustaste in der Folie klicken, erscheint ein Menü, in dem Sie „Hintergrund" anklicken können und dann eventuell „für alle übernehmen". Alle so erstellten Folien haben dann den gleichen Hintergrund. Die erste Folie zum Projektbeispiel könnte wie folgt aussehen:

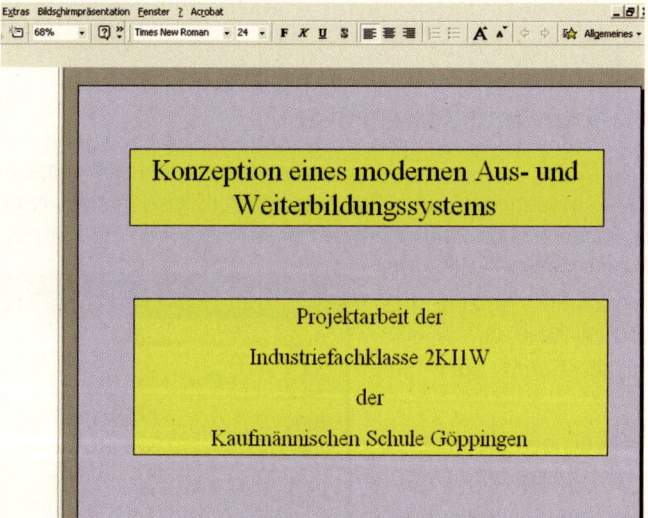

Titelfolie zum Projektbeispiel in PowerPoint

■ Nun können Sie die weiteren Folien erstellen. Klicken Sie im Menü „Einfügen" auf den Menüpunkt „Neue Folie" oder auf das entsprechende Symbol in der Symbolleiste. Wieder erscheint das Fenster „Neue Folie", wo Sie das entsprechende Folienlayout wählen können.

■ Wenn Sie auf diese Weise mehrere Folien erstellt haben, können Sie alle Folien in verkleinerter Form aufrufen, indem Sie im Menü „Ansicht" den Menüpunkt „Foliensortierung" anklicken. Sie können die Reihenfolge der gezeigten Folien einfach verändern, wenn Sie die entsprechende Folie mit der Maustaste anklicken, die Maustaste festhalten und die Folie an die gewünschte Stelle ziehen.

- Über das Menü „Einfügen" haben Sie die Möglichkeit, „ClipArts", Bilder, Diagramme, sogar Ton und Filme in Ihre Folien aufzunehmen.

- Wenn Sie alle Folien erstellt haben, sollten Sie noch deren Präsentation vorbereiten. Über das Menü „Bildschirmpräsentation" klicken Sie den Menüpunkt „Folienübergang" an und es erscheint das nebenstehende Fenster.

- In diesem Fenster können Sie die Art des Folienübergangs und deren Geschwindigkeit wählen. Diese Wahl können Sie entweder einer oder allen Folien zuordnen.

Fenster zur Animation des Folienübergangs

- Nun können Sie noch jede einzelne Folie animieren, d. h. mit einzelnen Präsentationseffekten versehen. Hierzu gehen Sie über das Menü „Bildschirmpräsentation" zum Punkt „Benutzerdefinierte Animation" und das folgende Fenster erscheint:

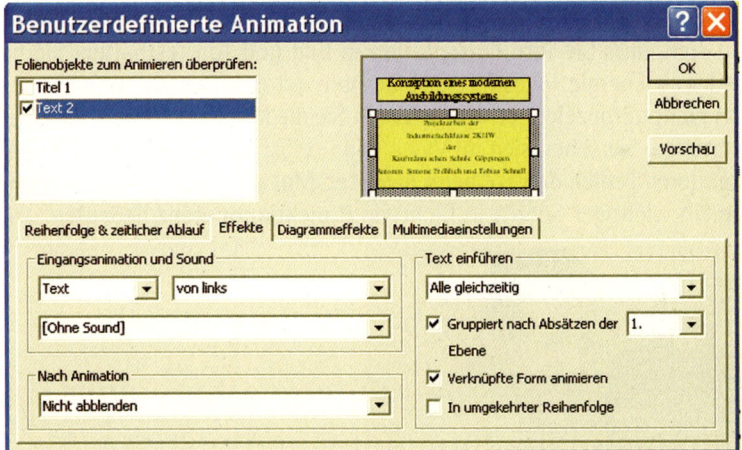

Fenster zur Animation der in PowerPoint erstellten Folien

- In diesem Fenster haben Sie die Möglichkeit, die Reihenfolge der einzelnen Folienteile und verschiedene Effekte zu bestimmen. Der Text des unteren Teils der Beispielfolie ist so animiert, dass er von der linken Seite der Folie abschnittsweise nach einem Mausklick in die Folie hereinkommt.

- Sie werden sehen, dass Sie immer wieder neue Möglichkeiten der Foliengestaltung und der Animation entdecken.

- Sie haben die Möglichkeit, Präsentationsfolien auszudrucken und Ihrem Publikum Kopien davon zu verteilen. Über den Befehl „Drucken" können Sie in dem sich öffnenden Fenster wählen, wie viele Folien auf eine Seite gedruckt werden sollen. Wollen Sie nur eine Folie auf einer Seite, dann wählen Sie „Folien"; sollen mehrere Folien auf eine Seite, dann wählen Sie „Handzettel" und die Anzahl „2 bis 6".

- Hilfe bekommen Sie über die „F1-Taste". Wenn Sie sich tiefer in PowerPoint ein-
  arbeiten möchten, lesen Sie die zu diesem Themenbereich aufgeführte Literatur
  am Ende dieses Buches.

*Auf der CD finden Sie im Ordner „Präsentationsbeispiele mit PowerPoint" einige PowerPoint-
Präsentationen, an denen Sie sich ebenfalls orientieren können.*

ARBEITSAUFTRAG

**Erstellen Sie bitte eine PowerPoint-Präsentation zu dem Teil des Projektbeispiels,
den Sie bisher bearbeitet haben.**

5.11.9 Dokumentation Ihrer Präsentation

Es empfiehlt sich, dass Sie Ihre Präsentation in Bild und Ton festhalten. Sie haben
sehr viel Zeit und Energie investiert und deshalb wäre es schade, wenn Ihre tolle
Präsentation nicht aufgezeichnet würde. Wenn Sie die Möglichkeit haben, lassen Sie
ein Video erstellen. Sie sehen sich im Video dann selbst und erkennen vielleicht den
einen oder anderen Fehler, den Sie beim nächsten Mal abstellen können – auch dies
kann für Sie ein wichtiger Schritt in Richtung **Projektkompetenz** bedeuten.

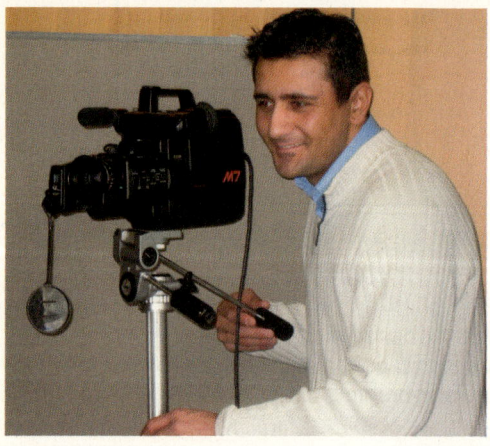

*Dokumentation der Präsentation mit
Video*

Wenn Sie die Möglichkeit einer Videoaufzeichnung nicht haben, sollten Sie wenigs-
tens Bilder von Ihrer Präsentation aufnehmen lassen. Auch anhand der Bilder können Sie Erkenntnisse für spätere Präsentationen gewinnen. Sie sehen, wie Sie vor
den Zuhörern stehen und agieren und können z. B. Ihre nonverbale Kommunikation
analysieren.

6 Projektbeurteilung

6.1 Warum sollten Sie sich mit Fragen der Projektbeurteilung befassen?

Das von Ihnen durchgeführte Projekt wird in der Regel auch beurteilt. Das Beurteilungsverfahren liegt je nach Projektart und Rahmenbedingungen im Verantwortungsbereich der Projektleiter, der Projektauftraggeber oder des Lenkungsausschusses. Zum besseren Verständnis wird im Folgenden davon ausgegangen, dass die Projektleiter auch für die Beurteilung verantwortlich sind. Mehrere Teile Ihrer Projektarbeit werden bewertet und in Punkten oder in Schulnoten ausgedrückt. Diese bilden entweder einen Teil einer Fachnote wie z. B. im Fach Betriebswirtschaftslehre oder es ergibt die eigenständige Note für das Fach Projektkompetenz, die so auch im Zeugnis z. B. der Industriekaufleute in der Kaufmännischen Berufsschule ausgewiesen wird.

6.2 Grundsätze der Projektbeurteilung

Sie erwarten sicherlich, dass Sie bei Ihrer Projektarbeit gerecht beurteilt werden. Sie müssen bereits vor dem Projekt die Bewertungskriterien kennen, um sich darauf einstellen zu können.

Die Beurteilung bezieht sich darauf, ob und in welchem Maße die Ziele der Projektarbeit auch erreicht wurden. Das bedeutet, dass schon durch die Festlegung der Ziele implizit auch die Bewertungskriterien vorgegeben werden. Wenn als Projektergebnis eine Dokumentation verlangt ist, muss vorher klar gesagt werden, woran eine gute oder schlechte Dokumentation erkennbar ist. Bei der Dokumentation sind die Bewertungskriterien noch am objektivsten und allgemein gültig. Wenn Sie also Ihre Dokumentation nach den Vorschlägen im Kapitel 5.10.2 erstellen, können Sie eine gute Beurteilung erwarten. Trotzdem – klären Sie vorher mit den Beurteilenden ganz klar deren Vorstellungen ab. Sie haben dann die Möglichkeit, die Projektarbeit von Anfang an richtig anzugehen.

Diese klare Zielvereinbarung ist umso wichtiger, wenn es keinen allgemein gültigen Beurteilungsstandard gibt wie z. B. bei der Beurteilung der Teamarbeit. Es liegen zwar wissenschaftliche Untersuchungen und Empfehlungen von Experten vor, die aber lediglich eine Grundlage für die Beurteilenden sind. Da jedes Projekt mit seinen Rahmenbedingungen einmalig ist, sollten Sie darauf achten, dass die Bewertungskriterien und die Qualitätsansprüche an die Leistungsmessung vor der Projektarbeit geklärt werden. Ihnen sollte klar sein, wann, wie und was im Rahmen Ihrer Projektarbeit bewertet wird.

6.3 Vorgehen beim Bewerten der Projektarbeit

Die Bewertung der Projektarbeit sollte dem projektmethodischen Arbeiten möglichst entsprechen. Die Vorgehensweise bei der Bewertung sollte mit den gleichen Methoden entwickelt werden wie das Projekt selbst. Bestehen Sie darauf, dass Sie als Teilnehmer am Projekt über die Art und Weise der Beurteilung und Benotung mit beraten dürfen wie z. B. über die Projektinitiative selbst.

In der jüngsten Vergangenheit sind vielfältige Vorschläge zu Projektbeurteilungen gemacht worden. Ein interessanter Ansatz ist der, dass die Gruppe insgesamt von den Projektleitern eine bestimmte Anzahl von Punkten erhält (z. B. Notenpunkte des Gymnasiums). Diese Punkte werden nun selbstständig innerhalb der Gruppe je nach Leistung eines jeden Gruppenmitglieds verteilt. Erhält eine Gruppe mit drei Mitgliedern insgesamt 30 Punkte, so verteilen diese die Summe der Punkte entsprechend ihrem Einsatz in der Gruppe. So kann Teilnehmer A 7 Punkte, Teilnehmer B 10 Punkte und Teilnehmer C 13 Punkte bekommen.

Wirken Sie im Rahmen Ihrer Projektarbeit auf jeden Fall darauf hin, dass Sie sich selbst bzw. andere Teammitglieder bewerten dürfen, in welcher Form auch immer. Sie haben dadurch die Möglichkeit, Ihre eigene Sichtweise in die Beurteilung mit einzubringen und darüber mit den Beurteilenden zu diskutieren. Beachten Sie aber: Da die Beurteilung in einer Note ausgedrückt wird, bleibt die letzte Entscheidung hierfür in der Hand der Projektleiter.

6.4 Welche Bereiche Ihres Projekts werden beurteilt?

Im Normalfall gehen in die Beurteilung eines Projekts folgende Teilbereiche ein:

- Arbeitsprozess
- Dokumentation
- Präsentation
- Reflexion (Kolloquium)

Die Bewertung Ihrer Leistungen in diesen Teilbereichen führt zur gesamten Projektnote. Sie sollten sich darauf einstellen können, welche Verhaltensweisen und Ergebnisse in die Beurteilung dieser Teilbereiche mit eingehen. Deshalb werden die wichtigsten Kriterien im Folgenden zusammengefasst. Dies entbindet Sie aber nicht davon, sich über die individuellen Beurteilungskriterien Ihres eigenen Projekts zu informieren.

6.4.1 Beurteilung des Arbeitsprozesses

Zum Arbeitsprozess kann man alles zählen, was vor der Abgabe der Dokumentation und vor der Präsentation liegt. In diesem Bereich gibt es Verhaltensweisen bzw. Ergebnisse, die von den Beurteilenden gut beobachtbar sind und entsprechend gut beurteilt werden können:

9740166

- Welche Qualität haben Ihre Projektplanung und Ihre Projektziele?
- Welche Form und welchen Inhalt haben Ihre Protokolle von den Teamsitzungen?
- Welche Zwischenergebnisse wie Fragebogenaktionen, Interviews und deren Auswertungen haben Sie vorgelegt?
- Wie gut sind Ihre vor anderen Projektgruppen durchgeführten Präsentationen?
- Wie beherrschen Sie die jeweiligen Arbeitsmethoden und -techniken?
- Wie haben Sie Ihren Arbeitsordner gestaltet?

Den Projektleitern fällt es in der Regel nicht leicht, Sie in Ihrer Teamfähigkeit zu beurteilen. Oftmals arbeiten Sie selbstständig und unbeobachtet in Ihrer Arbeitsgruppe, sodass es schwierig ist, Ihr dortiges Verhalten zu beurteilen. Folgende Verhaltensweisen können in eine prozessuale Beurteilung eingehen:

- Wie groß ist Ihr Engagement im Team?
- Wie groß ist Ihr Anteil am Gruppenergebnis?
- Wie verlässlich sind Sie bei der Erfüllung Ihrer Pflichten?
- Wie pünktlich erfüllen Sie Ihre Aufgaben?
- Wie groß ist Ihre Kooperationsfähigkeit im Team?
- In welchem Maße sind Sie in Ihre Gruppe integriert?
- Inwiefern erledigen Sie Ihre Aufgaben selbstständig?
- Wie hoch ist Ihr Verantwortungsbewusstsein im Rahmen der Projektarbeit?

Nach dieser Aufzählung der zu beurteilenden Elemente des Arbeitsprozesses ist Ihre Unsicherheit sicherlich nicht kleiner geworden. Sie fragen sich möglicherweise, nach welchen Kriterien Ihr Arbeitsordner bzw. der Gruppenarbeitsordner beurteilt wird. Wie müssen Protokolle aussehen? Ist eine hohe Kooperationsfähigkeit oder eine große Selbstständigkeit in der Gruppenarbeit gewünscht? Sind beide Verhaltensweisen sogar Gegensätze?

Ordnen Sie Ihre Gedanken! Sie sollten sich anhand von zwei Informationsquellen Klarheit verschaffen:

- Lesen Sie die objektiven, allgemein anerkannten Anforderungen im Rahmen einer Projektarbeit in diesem Buch. Zusätzlich können Sie sich noch anhand der empfohlenen Literatur am Ende des Literaturverzeichnisses informieren. Sie können sicher sein, dass Ihre Projektbeurteilenden ebenfalls diese Wissensgrundlage über die Projektarbeit haben und sich nach den gängigen Beurteilungsstandards ausrichten.
- Die meisten Projektbeurteilenden nehmen mehrere Bewertungsraster zur Hilfe. Diese haben sie von Dritten übernommen oder aber selbst erstellt. Für Sie ist es aber wichtig, wie diese Bewertungsraster aussehen. Sie enthalten Beurteilungskriterien, deren Bewertungsmaßstäbe und eventuell die Gewichtung der einzelnen Beurteilungsbereiche untereinander. Wie im Kapitel 6.2 beschrieben ist, sind für Sie besonders die eher subjektiven Beurteilungskriterien der Beurteilenden wichtig, damit Sie sich rechtzeitig in Ihrer Projektarbeit darauf einstellen können.

Damit Sie eine Vorstellung von einem solchen Bewertungsraster bekommen, schauen Sie sich das folgende Bewertungsraster als Beispiel zur Bewertung der Teamfähigkeit beim Arbeitsprozess an:

Bewertung: Arbeitsprozess	Name:		Note:		
Beobachtung der Teamfähigkeit	Bewertung				
Kriterien	– –	–	0	+	+ +
Engagement					
Anteil am Gruppenergebnis					
Verlässlichkeit					
Pünktlichkeit					
Kooperationsfähigkeit					
Gruppenintegration					
Selbstständigkeit					
Verantwortungsbewusstsein					

Bewertungsraster zur Teamfähigkeit

Ein derartiges Bewertungsraster kann von den Beurteilenden zur Fremdbeurteilung und von Ihnen als Projektteilnehmer zur Selbstbeurteilung verwandt werden. In den Bewertungsspalten können auch Punkte oder Noten aufgenommen werden.

Dieses Bewertungsraster finden Sie auf der CD im Ordner „Bewertungsraster" in der Datei „Arbeitsprozess". Sie können es entsprechend Ihren individuellen Bedürfnissen und Rahmenbedingungen abändern.

6.4.2   Beurteilung der Dokumentation

Die Dokumentation ist ein Werk Ihrer gesamten Projektgruppe. Sie muss ein in sich geschlossenes Ganzes ergeben, das den formalen Ansprüchen von der ersten bis zur letzten Seite genügt. Alle erforderlichen Inhalte, Formalien und Techniken einer Dokumentation werden im Kapitel 5.10 ausführlich dargestellt. Diese müssen nun von den Projektverantwortlichen beurteilt werden.

Klären Sie vor Ihrer Projektarbeit ab, ob die Dokumentation mit einer Gesamtnote für alle Projektbeteiligten oder mit Individualnoten beurteilt wird. Aus pädagogischer Sicht ist eine Gesamtnote wünschenswert, da dadurch alle Projektteilnehmer gezwungen werden, sich bei dessen Erstellung abzusprechen. Sie müssen die Beiträge der einzelnen Projektteams zu einem Gesamtwerk koordinieren. Hierfür sind die in einer Projektarbeit so gewünschten sozialen Gruppenprozesse erforderlich, die die Teamfähigkeit der Teilnehmer und damit deren **Projektkompetenz** fördern.

Sollte in Ihrem Projekt eine Individualbewertung der Dokumentation vereinbart sein, achten Sie darauf, dass Sie in Ihrer Dokumentation klar festhalten, welches Teammitglied welchen Beitrag geleistet hat. Hierzu bieten sich folgende Möglichkeiten an:

- Sie können noch vor dem Inhaltsverzeichnis ein Einlageblatt gestalten, worauf die Projektteilnehmer, evtl. sogar mit Bild, vorgestellt werden und deren Beitrag zur Dokumentation festgehalten wird. Hierbei haben Sie sogar die Möglichkeit, genau festzuhalten, wer außer einem Schriftbeitrag noch andere Tätigkeiten, wie z. B. Gestaltung des Layouts, Anlegen der Verzeichnisse, Erstellen von Grafiken u. a. vorgenommen hat.
- Sie können im Inhaltsverzeichnis die jeweiligen Bearbeiter in Klammer setzen.
- Sie können die jeweiligen Bearbeiter hinter die Kapitelüberschriften in Klammer setzen.

Auch bei der Beurteilung der Dokumentation ist eine Selbst- und/oder eine Fremdbeurteilung möglich. Der Vorteil einer Selbstbeurteilung liegt darin, dass die Projektteilnehmer über die Reflexion ihrer Dokumentation sich nochmals mit dem richtigen Anfertigen eines wissenschaftlichen Werks auseinander setzen müssen.

Für die Beurteilung der Dokumentation eignet sich ebenfalls ein Bewertungsraster, das individuell für jedes Projekt, auch gemeinsam mit allen Projektbeteiligten erstellt werden kann. Dem folgenden Bewertungsraster können Sie wichtige Beurteilungskriterien einer Projektdokumentation entnehmen:

Bewertung: Dokumentation		**Name:**		**Note:**	
Thema:		Bewertung			
Kriterien		– –	–	0	+	+ +
Erster Eindruck	Layout, Optik, Übersichtlichkeit, Gestaltung, Originalität, Einheitlichkeit, Illustration					
Formale Eigenschaften	Aufbau, Gliederung, Umfang, Zitiertechniken, Rechtschreibung, evtl. Vorwort, Inhalts-, Literatur- und Abbildungsverzeichnis, Anhang					
Verständlichkeit, Lesbarkeit	flüssig, spannend, auf Zielgruppe abgestimmt und diese richtig angesprochen, klare Sätze, Anschaulichkeit					
Inhaltliche Richtigkeit	sachlogischer Aufbau, insgesamt schlüssig, Inhalt themenbezogen und zielorientiert, Fachsprache, Bilder und Inhalt fachlich richtig, Diagrammtypen sind stimmig					

Fortsetzung nächste Seite

Fortsetzung:		Bewertung				
Kriterien		– –	–	0	+	+ +
Wissenschaft-liches Niveau	Fakten, Hypothesen, Zielsetzungen, Meinungen, Stellungnahmen, Reflexionen, Begründungen					
Sonderpunkte	eigene Ideen, Originalität, Genialität, Besonderheiten					
Kooperation	Einheitlichkeit, Überleitungen, gegenseitige Bezüge, inhaltliche Abstimmung zwischen den Kapiteln					
Anspruch und Wirklichkeit	Thema, Einleitung, Hauptteil, Schluss, Anhang					

Bewertungsraster für die Dokumentation

Dieses Bewertungsraster finden Sie auf der CD im Ordner „Bewertungsraster" in der Datei „Dokumentation". Sie können es entsprechend Ihren individuellen Bedürfnissen und Rahmenbedingungen abändern.

6.4.3 Beurteilung der Präsentation

Die Merkmale einer guten Präsentation werden im Kapitel 5.11 ausführlich dargestellt. Die Präsentation Ihres Projekts muss sich an diesen Merkmalen messen lassen. Diese sind die Bewertungsgrundlage und können in folgenden Kategorien zusammengefasst werden:

- Inhalt
- Struktur
- Rhetorik
- Körpersprache
- Medieneinsatz
- Visualisierung
- Gruppenverhalten

Wenn Sie an einem Bewertungsraster mitarbeiten dürfen, können Sie diese Kategorien in spezifischere Kriterien unterteilen. Es empfiehlt sich, dass Sie außerdem alle Kriterien mit ganz konkreten Anforderungen beschreiben, die an eine gute Präsentation gestellt werden. Somit wird auch die Beurteilung der Präsentation für alle Projektbeteiligte transparent. Auch hier kann das erstellte Bewertungsraster zur Fremd- und Selbstbeurteilung verwandt werden.

Sie können sich am folgenden Bewertungsraster zur Präsentationsbewertung orientieren. Auch dieses soll nur ein Beispiel sein und Anregungen für eigene Bewertungsraster geben.

9740170

Bewertung: Präsentation Thema:		Name:			Note:	
		Bewertung				
Kriterien		– –	–	0	+	+ +
Inhalt		sachlich richtig, angemessene Gewichtung von Haupt- und Nebenpunkten					
Struktur		klar erkennbar, zielgerichtet, sachlogisch, hilfreich für das Publikum, roter Faden					
Rhetorik	Sprache	verständlich im Satzbau und in der Wortwahl, sicher und angemessen im Ausdruck					
	Stimme	deutlich, angemessen in Lautstärke und Betonung, moduliert					
	Sprech-tempo	ausgeglichen, dynamisch, gute Pausentechnik					
	Stilmittel	effektvoll, dramatisch, spannend, interessant, akzentuiert					
Körper-sprache	Blick-kontakt	jeder fühlt sich angesprochen, Vortrag möglichst frei					
	Gestik/ Haltung	unterstreicht die Aussage offen und freundlich, wendet sich an das Publikum					
	Mimik	freundlich, entspannt, sicher					
Medieneinsatz		richtige Medienauswahl, richtiger Einsatzzeitpunkt, geschickter Umgang, sorgfältige Vorbereitung					
Visualisierung		aussagekräftige Schaubilder, klare Bezeichnungen, übersichtliche Tabellen, nicht überladene Darstellungen, dienen der Veranschaulichung von Daten und Fakten					
Gruppenverhalten		gute Abstimmungen unter den Gruppenmitgliedern, inhaltliche Abgrenzungen, gute Überleitungen, gegenseitige Ergänzungen und Unterstützungen					

Bewertungsraster für die Präsentation

Dieses Bewertungsraster und weitere Beispiele finden Sie auf der CD im Ordner „Bewertungsraster". Sie können alle Bewertungsraster entsprechend Ihren individuellen Bedürfnissen und Rahmenbedingungen abändern.

6.4.4 Beurteilung der Reflexion

Die Reflexion über das bearbeitete Projekt ist die letzte Phase im Projektablauf. Sie wird im Kapitel 4.6 beschrieben. Auch hier sollten Sie mit Ihren Projektleitern abklären, inwiefern diese Projektphase in die Beurteilung mit eingeht.

Eine Reflexion kann in mehrfacher Weise erfolgen:

- Mit einem Evaluationsbogen und dessen Auswertung.
- Mit dem Einsatz der Metaplantechnik.
- In Form einer Diskussion.
- In Form eines Kolloquiums.

Ein Evaluationsbogen hat die Aufgabe, den Projektleitern Ihre Meinung zum abgelaufenen Projekt zu äußern, damit sie diese Erfahrungen für spätere Projekte nutzen können. Hierbei ist Ihre ehrliche Meinung erwünscht und deshalb kann eine Evaluation des Projekts nicht zu Ihrer Beurteilung als Projektteilnehmer herangezogen werden. Oftmals wird diese Evaluation anonym durchgeführt. Auch die Meinungsäußerung in Form einer Kartenabfrage mit der Metaplantechnik ist eine Evaluation für die Projektleiter und eignet sich deshalb nicht für eine Beurteilung Ihrer Leistungen.

Erfolgt die Reflexion in Form einer gemeinsamen Diskussion aller Projektbeteiligter, könnten die Diskussionsbeiträge hinsichtlich deren Qualität bewertet werden. Bei einer größeren Teilnehmerzahl erscheint jedoch eine objektive Einzelbeurteilung problematisch.

Lediglich die Bewertung der Reflexion im Rahmen eines Kolloquiums erscheint sinnvoll. An einem Kolloquium nehmen etwa zwei bis drei Projektteilnehmer und die Projektleiter teil. Sie sprechen über das abgelaufene Projekt, wobei die Projektleiter ganz gezielt Fragen über die Projektziele, den Projektablauf, die verwandten Methoden und die Ergebnisse stellen. Hierbei zeigen sich recht deutlich die fachlichen, personalen, methodischen, sozialen und kommunikativen Kompetenzen der Kolloquiumsteilnehmer. Diese Kompetenzen können dann von den Projektleitern als Fremdbeurteilung oder von den Teilnehmern am Kolloquium in Form der Selbstbeurteilung benotet werden.

Auch für die Bewertung des Kolloquiums können Sie sich am folgenden Beispiel eines Bewertungsrasters orientieren:

Bewertung: Kolloquium Thema:		Name:		Note:		
		Bewertung				
Kriterien		– –	–	0	+	+ +
Fachliche und methodische Kompetenz durch Beschreibung des Arbeitsprozesses	Erläuterung der Ziele des Projekts					
	Beschreibung der Themeneingrenzung					
	Vernetztes Denken					
	Transferfähigkeit auf andere Probleme					
	Beschreibung der Aktivitäten					
	Begründung der verwandten Informationsquellen					
	Begründung der angewandten Methoden					
	Reflexion über den gesamten Arbeitsprozess					
	Fähigkeit zur Fehleranalyse					
	Verbesserungsvorschläge für weitere Projekte					
Personale, soziale und kommunikative Kompetenz durch das Gesprächsverhalten	Beherrschung der Fachsprache					
	Körpersprache					
	Beherrschen der Projektinhalte					
	Flexibilität und kooperatives Gesprächsverhalten					
	Urteilsvermögen					
Besondere Stärken:						
Besondere Schwächen/Verbesserungsvorschläge:						

Bewertungsraster für das Kolloquium

Dieses Bewertungsraster und weitere Beispiele finden Sie auf der CD im Ordner „Bewertungsraster". Sie können alle Bewertungsraster entsprechend Ihren individuellen Bedürfnissen und Rahmenbedingungen abändern.

6.5   Beurteilung von Kompetenzen

Neben der Bewertung der einzelnen Arbeitsbereiche eines Projekts (vgl. hierzu Kapitel 4.1 – 4.6) gibt es noch die Möglichkeit, die gezeigten Kompetenzen der Projektteilnehmer während des gesamten Projekts zu beurteilen. Dies ist besonders im Hinblick auf die Förderung dieser Kompetenzen mit der Projektarbeit interessant. In Beurteilungsgesprächen zeigen die Projektleiter den Teilnehmern ihre Stärken und Schwächen in den einzelnen Kompetenzen auf. Bei Projekten mit einer längeren Dauer können Sie so nach bestimmten Zeitabschnitten die Entwicklung vor allem Ihrer schwächeren Kompetenzen beobachten, was auch bei mehrmaligen kleineren Projektarbeiten möglich ist. Als Hilfe kann Ihnen wiederum ein Bewertungsraster dienen.

Beurteilung und Bewertung von Projektkompetenzen								
Name:	**Projekt:**						**Klasse:**	
Bewertungszeitraum:								
Kompetenzen – Merkmale	Schulnoten						Gew.-faktor	Gew.-punkte
	1	2	3	4	5	6		
Methodenkompetenz								
Lernfähigkeit								
Problemlösefähigkeit								
Beherrschen von Arbeitsmethoden								
Planungskompetenz								
Sozialkompetenz								
Kooperationsfähigkeit								
Kommunikationsfähigkeit								
Konfliktfähigkeit								
Fachkompetenz								
Fachliche Kenntnisse								
Einsetzung von Medien								
Produktivität								
System- und Prozessdenken								
Transferfähigkeit								
Personalkompetenz								
Selbstständigkeit und Verantwortung								
Interesse und Initiative								
Kommunikationsfähigkeit								
Kreativität								
	Summe der Gewichtungsfaktoren							
	Summe der Gewichtungspunkte							
Note:	Gewichtungspunkte : Gewichtungsfaktoren = Note							

Zielvereinbarung bis zum nächsten Beurteilungstermin:

Von der Beurteilung habe ich Kenntnis erhalten. Sie wurde mit mir durchgesprochen:

☐ Ich bin damit einverstanden.

☐ Meine abweichende Auffassung ist dieser Beurteilung beigefügt.

....
Unterschrift des Beurteilers   Unterschrift des Beurteilten

Bewertungsraster zur Beurteilung von Projektkompetenzen

9740174

Ein mögliches Bewertungsraster zur Beurteilung von Kompetenzen während eines Projektprozesses oder am Ende eines Projekts könnte wie auf der vorhergehenden Seite abgebildet aussehen.

Dieses Bewertungsraster und weitere Beispiele finden Sie auf der CD im Ordner „Bewertungs- raster". Sie können alle Bewertungsraster entsprechend Ihren individuellen Bedürfnissen und Rahmenbedingungen abändern.

Mit den Gewichtungsfaktoren kann individuell den unterschiedlichen Bedeutungen der Kompetenzen Rechnung getragen werden. Mit ihnen werden die jeweiligen Noten multipliziert und es ergeben sich die Gewichtungspunkte. Deren Summe wird durch die Summe der Gewichtungsfaktoren geteilt, um somit die Schulnote zu erhalten.

Die Projektleiter können mit dem beurteilten Projektteilnehmer aufgrund des vorlie- genden Bewertungsrasters eine Zielvereinbarung hinsichtlich einer Verbesserung von Schwächen treffen. Beim nächsten Beurteilungstermin kann dann gemeinsam überprüft werden, ob diese Zielvereinbarung eingehalten wurde.

Sie als Projektteilnehmer sollten darauf hinwirken, dass die Beurteilung mit Ihnen durchgesprochen wird. Sie wollen sich ja durch Ihre Projektarbeit verbessern. Mit einer Erklärung können Sie sich als Beurteilter äußern, ob Sie mit der Beurteilung einverstanden sind. Ihre abweichende Auffassung sollten Sie möglichst schriftlich begründen.

Der untere Teil des Bewertungsrasters zur Beurteilung von Projektkompetenzen kann bei jedem anderen vorgestellten Bewertungsraster mit aufgenommen werden. Damit können Sie Zielvereinbarungen und Besprechungen bestens dokumentieren, um eine kontinuierliche Verbesserung Ihrer **Projektkompetenz** zu erreichen.

HINWEISE/TIPPS

Klären Sie immer vor dem Beginn eines Projekts folgende Fragen zur Projekt- beurteilung:

- Welche Bereiche der Projektarbeit werden bewertet?
- Zu welchem Anteil gehen diese Bereiche in die Projektbeurteilung ein?
- Werden bei den einzelnen Beurteilungsbereichen Gesamt- und/oder Einzel- noten gegeben?
- Werden allgemein die Projektkompetenzen bewertet?
- Gibt es Selbst- und/oder Fremdbeurteilungen?

Sie können sich zu Fragen der Beurteilung von Projekten anhand der empfohlenen Literatur am Ende des Buches näher informieren.

7 Berufsorientierte Projekte

7.1 Weshalb Projekte mit berufsbezogenen Themenstellungen?

Das Ziel dieses Buches ist es, Ihnen die notwendigen Erkenntnisse und Qualifikationen zu vermitteln, die Sie benötigen, um Projekte erfolgreich durchführen zu können. Sicherlich war Ihnen vieles schon bekannt. Manches haben Sie vielleicht neu erfahren und können es bestens in Ihren künftigen Projektarbeiten einsetzen. Um jedoch wirkliche **Projektkompetenz** zu erlangen, müssen Sie in der Regel mehrere Projektarbeiten durchführen. Auch hier sind Lernprozesse und ein kontinuierliches Training erforderlich.

So fordert z. B. der auf die Berufsausbildungsverordnung aufbauende Lehrplan „Industriekaufmann/Industriekauffrau" von Baden-Württemberg, dass die Auszubildenden Projekte mit berufsspezifisch-betriebswirtschaftlichen Themenstellungen durchführen können. Der Lehrplan sieht vor, dass nach einem einführenden Projekt in der Grundstufe weitere berufsorientierte Projekte folgen sollen. Dieser methodische Weg zur **Projektkompetenz** entspricht auch der Konzeption des vorliegenden Buches.

Berufsbezogene Projektthemen sind didaktisch und methodisch wünschenswert, da Sie sich hierbei neben den überfachlichen Kompetenzen ein vernetztes Fachwissen erarbeiten können. Bei der Beschreibung der Projektinitiative im Kapitel 4.2 haben Sie gesehen, dass Sie an der Themenstellung Ihrer Projekte aktiv teilnehmen können. Hierfür können Ihnen die folgenden Ausführungen hilfreich sein.

7.2 Was versteht man unter berufsorientierten Projekten?

Wenn von Ihnen berufsorientierte Projekte gefordert werden und diese auch pädagogisch wünschenswert sind, dann sollten Sie auch wissen, was diese Art von Projekten auszeichnet.

ARBEITSAUFTRAG

> Überprüfen und begründen Sie, ob das Projektbeispiel „Konzeption eines modernen Aus- und Weiterbildungssystemys" ein Projekt mit einer berufsspezifischen Themenstellung ist.

Halten Sie Ihre Überlegungen auf dem Arbeitsblatt auf der CD fest. Sie finden es im Ordner „Arbeitsblätter" in der Datei „Berufsspezifische Themenstellung".

Bei Ihrem Arbeitsauftrag sind Sie sicherlich so vorgegangen, dass Sie das Thema des Projektbeispiels nach verschiedenen Kriterien überprüft haben. Prüfen Sie, ob Ihre Anforderungen an ein berufsorientiertes Projekt mit den folgenden Kriterien übereinstimmt:

- Bezug zu Anforderungen und Tätigkeiten des Berufs
- Bezug auf betriebliche Abläufe und Problemstellungen
- Projektaufgabe muss komplex sein – einen relativ hohen Schwierigkeitsgrad aufweisen.
- Projekt muss eine Bedeutung für das Unternehmen haben.
- Projekt muss einmalig sein.
- Eine klare Zeitbegrenzung ist erforderlich.
- Projektverlauf ist mit Unsicherheiten und mit Risiken verbunden.

Wenn Sie das Projektbeispiel nochmals anhand dieser Anforderungen überprüfen, dann können Sie sicherlich bestätigen, dass es sich um ein berufsorientiertes Projekt handelt. Nachdem Sie für diese besondere Form der Projekte sensibilisiert sind, können Sie bestimmt selbstständig Projektthemen für Ihre weiterführenden Projekte finden.

7.3 Beispiele für Projekte mit berufsspezifischen Themen

7.3.1 Konkrete Projektaufträge

Die folgenden Projektaufträge sollen Ihnen Anregungen für weitere berufsspezifische Projekte geben. Sie können sowohl im Rahmen einer Berufsausbildung als auch in abgeänderter Form bei anderen Aus- und Weiterbildungsmaßnahmen durchgeführt werden. Die Themenstellungen sind auf die Bearbeitung in Kleingruppen von etwa zwei bis drei Teilnehmern ausgerichtet.

Projektthema

Analyse von kaufmännischen Prozessen in Ihrem Unternehmen unter sozioökonomischen Aspekten.

Hintergrundinformation:

Als kaufmännischer Auszubildender bzw. jüngerer Mitarbeiter in Ihrem Unternehmen sind Sie aktiv am Ablauf von kaufmännischen Prozessen beteiligt. Für langjährige Mitarbeiter sind diese betrieblichen Abläufe selbstverständlich und sie haben sich daran gewöhnt. Die langjährigen Mitarbeiter nehmen diese als gegeben und unveränderbar hin. Sie hingegen als relativ neue Beteiligte können diese Prozesse noch objektiv beurteilen.

Projektauftrag:

- Erstellen Sie eine Ist-Analyse der Arbeitsabläufe einer kaufmännischen Abteilung.
- Überprüfen Sie, ob diese Arbeitsabläufe unter ökonomischen Gesichtspunkten verbessert werden können.
- Betrachten Sie die Arbeitsabläufe unter soziologischen und arbeitsergonomischen Gesichtspunkten.
- Erstellen Sie ein Protokoll von jeder Projektsitzung.
- Erstellen Sie eine schriftliche Dokumentation über das gesamte Projekt.
- Präsentieren Sie Ihr Projektergebnis vor Mitgliedern der Organisationsabteilung und der Personalabteilung Ihres Ausbildungsbetriebs.
- Reflektieren Sie Ihr Projekt und halten Sie dieses in einem Protokoll fest.

Endtermin:

Personenzahl:

Projektarbeitstage:

Projektleitung:

Projektteam:

Projektthema

Überprüfung und Optimierung kaufmännischer Arbeitsprozesse in Ihrem Unternehmen unter ökologischen Aspekten

Hintergrundinformation:

Die Geschäftsleitung Ihres Unternehmens wird vom Aufsichtsrat beauftragt diesem ein Konzept vorzulegen, das ökologische Verbesserungen im Unternehmen enthält. Deshalb beauftragt die Geschäftsleitung die Ausbildungsabteilung mit verschiedenen Projekten zu diesem Thema. Da Sie als Auszubildender bzw. jüngerer Mitarbeiter aktiv am Ablauf von kaufmännischen Prozessen beteiligt sind, bekommen Sie die Aufgabe, in Ihrer Projektarbeit diese Prozesse unter ökologischen Gesichtspunkten zu untersuchen.

Projektauftrag:

- Erstellen Sie eine Ist-Analyse der Arbeitsabläufe einer kaufmännischen Abteilung unter ökologischen Aspekten.
- Überprüfen Sie, ob diese Arbeitsabläufe unter ökologischen Gesichtspunkten verbessert werden können.
- Machen Sie ganz konkrete Vorschläge zum Umweltschutz in den kaufmännischen Arbeitsprozessen Ihres Unternehmens.
- Überprüfen Sie, ob Ihre Vorschläge in die Werbung für Ihr Unternehmen übernommen werden könnten.
- Erstellen Sie ein Protokoll von jeder Projektsitzung.
- Erstellen Sie eine schriftliche Dokumentation über das gesamte Projekt.
- Präsentieren Sie Ihr Projektergebnis vor Mitgliedern der Geschäftsleitung, der Marketingabteilung und des Aufsichtsrats Ihres Unternehmens.
- Reflektieren Sie Ihr Projekt und halten Sie dieses in einem Protokoll fest.

Endtermin:

Personenzahl:

Projektarbeitstage:

Projektleitung:

Projektteam:

Projektthema

Der Beitrag eines kaufmännischen Mitarbeiters im Industriebetrieb zur gesamtwirtschaftlichen Leistungserstellung

Hintergrundinformation:

Oftmals hört man die Aussage, dass kaufmännische Mitarbeiter unproduktiv arbeiten würden. Nur die direkt an der Produktion beteiligten Mitarbeiter würden einen Beitrag zur betrieblichen Leistungserstellung bringen und damit das Bruttoinlandsprodukt erhöhen.

Projektauftrag:

- Analysieren Sie die Aufgaben eines kaufmännischen Mitarbeiters in Ihrem Unternehmen.
- Begründen Sie die Notwendigkeit der Aufgaben im betrieblichen Leistungsprozess.
- Analysieren Sie die Aufgaben und die Bedeutung Ihres Unternehmens im Wirtschaftsprozess.
- Stellen Sie fest, wie hoch der Beitrag Ihres Unternehmens zum Bruttoinlandsprodukt ist.
- Erstellen Sie ein Protokoll von jeder Projektsitzung.
- Erstellen Sie eine schriftliche Dokumentation über das gesamte Projekt.
- Präsentieren Sie Ihr Projektergebnis vor Mitgliedern der Geschäftsleitung, der Marketingabteilung und des Aufsichtsrats Ihres Unternehmens.
- Reflektieren Sie Ihr Projekt und halten Sie dieses in einem Protokoll fest.

Endtermin:

Personenzahl:

Projektarbeitstage:

Projektleitung:

Projektteam:

9740180

Projektthema

Organisation und Durchführung der Einführungswoche für neue kaufmännische Auszubildende in Ihrem Ausbildungsbetrieb

Hintergrundinformation:

Bestimmt haben Sie es als hilfreich und angenehm empfunden, dass Sie zum Beginn Ihrer Ausbildung wichtige Tipps und Hilfestellungen bekommen haben. Auch in diesem Jahr will Ihr Ausbildungsbetrieb den „Neuen" den Einstieg in das Berufsleben erleichtern. Die einzelnen Inhalte unserer Ausbildung sollen vor allem durch die älteren Azubis in einer Einführungswoche vermittelt werden.

Projektauftrag:

- Planen Sie die gesamte Einführungswoche.
- Stimmen Sie etwaige Termine mit Referenten ab.
- Betreuen Sie die neuen Auszubildenden.
- Informieren Sie die neuen Auszubildenden über Ihren Ausbildungsbetrieb.
- Behandeln Sie selbstständig verschiedene vorgegebene Themenblöcke.
- Planen und führen Sie den Abschlussabend der Einführungswoche durch.
- Erstellen Sie ein Protokoll von jeder Projektsitzung.
- Erstellen Sie eine schriftliche Dokumentation über das gesamte Projekt.
- Präsentieren Sie Ihr Projektergebnis vor Mitgliedern der Personalabteilung und den Auszubildenden Ihres Ausbildungsjahrgangs.
- Reflektieren Sie Ihr Projekt und halten Sie dieses in einem Protokoll fest.

Endtermin:

Personenzahl:

Projektarbeitstage:

Projektleitung:

Projektteam:

Projektthema

„Tag der offenen Tür" – Gestaltung in Ihrem Unternehmen

Hintergrundinformation:

Anlässlich der Erweiterung des Unternehmens plant die Geschäftsleitung einen „Tag der offenen Tür", der in sechs Monaten stattfinden soll. An diesem Tag soll den Besuchern die Möglichkeit gegeben werden das Unternehmen zu besichtigen. Gleichzeitig möchte sich Ihr Unternehmen der Öffentlichkeit mit unterschiedlichen Themenbereichen werbewirksam präsentieren. Für die Besucher soll dieser Tag ein Erlebnis werden und bei ihnen einen nachhaltigen Eindruck hinterlassen.

Projektauftrag:

- Machen Sie Themenvorschläge, wie sich Ihr Ausbildungsbetrieb unter Einbeziehung der Kundenwünsche präsentieren kann.
- Arbeiten Sie ein vollständiges Programm für die betriebliche Präsentation an diesen Tag aus.
- Planen Sie ein Erlebnisprogramm für die Besucher.
- Prüfen Sie, ob für das Erlebnisprogramm externe Fachkräfte notwendig sind.
- Überlegen Sie, ob Bewirtung erfolgen soll und wenn ja, in welcher Form.
- Stellen Sie etwaige vom Programm abhängige Kosten auf.
- Führen Sie das geplante Programm am „Tag der offenen Tür" durch, sofern es die Zustimmung der Geschäftsleitung findet.
- Erstellen Sie ein Protokoll von jeder Projektsitzung.
- Erstellen Sie eine schriftliche Dokumentation über das gesamte Projekt.
- Präsentieren Sie Ihr Projektergebnis vor Mitgliedern der Geschäftsleitung, der Marketingabteilung und der Ausbildungsabteilung Ihres Unternehmens.
- Reflektieren Sie Ihr Projekt und halten Sie dieses in einem Protokoll fest.

Endtermin:

Personenzahl:

Projektarbeitstage:

Projektleitung:

Projektteam:

Projektthema

Gestaltung des ersten Arbeitstages eines neuen Mitarbeiters (nicht Azubi) in Ihrem Unternehmen

Hintergrundinformation:

Der erste Arbeitstag in einem neuen Unternehmen ist prägend und sehr wichtig. Freunde, Bekannte und die Familie sind sehr gespannt und fragen: „Wie wars?" Wie schafft es Ihr Unternehmen, den neuen Mitarbeiter dazu zu bewegen, begeistert von seinem Unternehmen und dem ersten Arbeitstag zu berichten? Wie muss dieser Tag gestaltet sein, damit der Neue das Gefühl hat, dass das Unternehmen auf ihn gewartet hat, sich auf ihn freut, er sich herzlich willkommen geheißen fühlt? Sicher keine leichte Aufgabe, denn neben Spaß und „shake hands" müssen am ersten Arbeitstag auch wichtige Informationen weitergegeben werden.

Projektaufgabe:

■ Erarbeiten Sie einen möglichen Ablauf des ersten Arbeitstages mit der Möglichkeit, dass
  – die Personalabteilung Gelegenheit hat, Arbeitspapiere zu vervollständigen,
  – für den neue Mitarbeiter wichtige Informationen fließen, die das Arbeitsverhältnis betreffen (Einstellungsmappe),
  – der neue Mitarbeiter in seiner neuen Abteilung zurechtkommt,
  – der neue Mitarbeiter einen Überblick über das Unternehmen bekommt.
■ Erstellen Sie eine „Regieanweisung" für die Personalabteilung sowie für alle am ersten Arbeitstag Beteiligten.
■ Erstellen Sie ein Protokoll von jeder Projektsitzung.
■ Erstellen Sie eine schriftliche Dokumentation über das gesamte Projekt.
■ Präsentieren Sie Ihr Projektergebnis vor Mitgliedern der Personalabteilung und der Geschäftsleitung Ihres Unternehmens.
■ Reflektieren Sie Ihr Projekt und halten Sie dieses in einem Protokoll fest.

Endtermin:

Personenzahl:

Projektarbeitstage:

Projektleitung:

Projektteam:

Auf der CD finden Sie weitere interessante Projektaufträge im Ordner „Projektbeispiele" sowie Beispiele unter „Projekte von Bank-Auszubildenden".

7.3.2 Weitere Themenvorschläge

Da Sie zur Erlangung Ihrer **Projektkompetenz** weitere Projekte mit berufsspezifischen Fragestellungen bearbeiten sollten, können Sie sich hierfür in der folgenden Sammlung Anregungen holen. Die meisten der vorgeschlagenen Themen sind für verschiedene Berufszweige und unterschiedliche Aus- und Weiterbildungsbereiche kompatibel.

Themenvorschläge für berufsspezifische Projekte

- Ihr Unternehmen im Globalisierungsprozess
- Welche Zukunftschancen hat Ihr Berufszweig?
- Die Konkurrenzsituation Ihres Unternehmens.
- Die Lohnkosten und Lohnnebenkosten in Ihrem Unternehmen als besonderer Standortfaktor.
- Planung und Durchführung des diesjährigen Mitarbeiterausflugs.
- Wie kann Ihr Ausbildungsbetrieb geeignete Bewerber für einen Ausbildungsplatz finden?
- Sie gründen ein neues Unternehmen.
- Einführung eines Qualitätsmanagementsystems in Ihrem Ausbildungsbetrieb.
- Erstellung eines Unternehmensleitbilds für Ihr Unternehmen.
- Analyse und Präsentation Ihres Ausbildungsberufs.
- Vorstellung Ihres Unternehmens.
- Weiterbildungsmöglichkeiten in Ihrem Ausbildungsbetrieb.
- Erstellung eines Konzepts für Ihre Karriereplanung.
- Ihre persönliche und soziale Sicherung in der Zukunft.

Ergänzende Literatur

Sofern Sie sich über bestimmte Themenbereiche der Projektarbeit oder über die jeweiligen Arbeitsmethoden und Arbeitstechniken näher informieren möchten, können Sie dies anhand der ergänzenden und weiterführenden Literatur. Die Literaturangaben sind nach Themenbereichen übersichtlich gegliedert, sodass Sie schnell die entsprechende Quelle auffinden können.

Themenbereich: Projektarbeit – allgemein

Distel, Heinz; Hergenröder, Franz (2003). Projektkompetenz fördern und Schulprojekte managen. OSA Stuttgart.

Fegert, Friedemann; Hergenröder, Franz; Mechelke, Günter; Rosum, Kai (2002). Projektarbeit, Theorie und Praxis. Handreichung H-02/03 des Landesinstituts für Erziehung und Unterricht Stuttgart.

Frey, Karl (2002). Die Projektmethode. 9. Auflage. Weinheim, Basel: Beltz.

Jank, Werner; Meyer, Hilbert (2002). Didaktische Modelle. 5., völlig überarbeitete Auflage. Berlin: Cornelsen Verlag Scriptor.

Klippert, Heinz (1994). Projektwochen. Arbeitshilfen für Lehrer und Schulkollegien. Weinheim, Basel: Beltz.

Lungershausen, Helmut u. a. (2000). ABC der Kurs- und Seminargestaltung. Haan-Gruiten: Verlag Europa-Lehrmittel.

Meyer, Hilbert (1994). Unterrichtsmethoden. Theorieband I. Frankfurt am Main: Cornelsen Verlag Scriptor.

Ott, Bernd (2000). Grundlagen des beruflichen Lehrens und Lernens. Berlin: Cornelsen.

Ott, Bernd; Scheib, Thomas (2002). Qualtitäts- und Projektmanagement in der beruflichen Bildung. 1. Auflage. Berlin: Cornelsen Verlag Scriptor.

Schilling, Gert (1999). Projektmanagement. Der Praxisleitfaden für die erfolgreiche Durchführung von kleinen und mittleren Projekten. Berlin: Schilling.

Themenbereich: Mindmapping

Buzan, Tony; North, Vanda (1999). Business Mind Mapping. 1. Auflage. Wien: Ueberreuter.

Hertlein, Margit (1997). Mind Mapping. Die kreative Arbeitstechnik. Reinbek: Rowohlt Taschenbuch Verlag.

Krüger, Frank (1997). Mind Mapping – Kreativ und erfolgreich im Beruf. München: Humboldt-Taschenbuchverlag Jacobi.

Svantesson, J.: Mind-Mapping und Gedächtnistraining. GABAL-Verlag.

Walter, Hans-Jürgen (1996). DenkZeichnen. 2. Auflage. Bayreuth: Josef Schmidt.

Themenbereich: Teamarbeit

Antons, Klaus (1975). Praxis der Gruppendynamik. Göttingen.

Francis D.; Young D. (1982). Mehr Erfolg im Team.

Klippert, Heinz (1999). Teamentwicklung im Klassenraum. Weinheim, Basel: Beltz.

Malik, Fredmund (1999). Der Mythos vom Team. In: Psychologie heute. 8/1999.

Philipp, Elmar (1998). Teamentwicklung in der Schule. Konzepte und Methoden. Weinheim, Basel: Beltz.

Themenbereich: Kommunikation

Birkenbihl, Vera F. (1997). Kommunikationstraining - Zwischenmenschliche Beziehungen erfolgreich gestalten. 18. Auflage. Landsberg am Lech: mvg.

Coblenzer, Horst; Muhar, Franz (1993). Atem und Stimme. Anleitung zum guten Sprechen. Wien: Österreichischer Bundesverlag.

Eckert, Hartwig; Lavér, John (1994). Menschen und ihre Stimmen. Aspekte der vokalen Kommunikation. Weinheim: Psychologie Verlagsunion.

Goldmann, Heinz M. (1996). Erfolg durch Kommunikation - Die zwölf goldenen Regeln für Könner. Düsseldorf: ECON.

Gora, Stephan (1993). Grundkurs Rhetorik. Eine Hinführung zum freien Sprechen (Schülerheft). Stuttgart: Klett.

Klippert, Heinz (1995). Kommunikationstraining. Weinheim, Basel: Beltz.

Molcho, Samy (1997). Körpersprache im Beruf. München: Goldmann.

Schuh; Watzke. Erfolgreich reden und argumentieren. Köln: Stam.

Schulz von Thun, Friedemann (1987). Miteinander reden: Störungen und Klärungen. Psychologie der zwischenmenschlichen Kommunikation. Reinbek: Rowohlt Taschenbuch Verlag.

Seifert, Josef W. (2001). Moderation & Kommunikation. 3. Auflage. Bremen: Gabal.

Ueding, Gerd (1976). Einführung in die Rhetorik. Frankfurt: Metzler.

Vollmer; Hoberg (1997). Kommunikation: Sich besser verständigen – sich besser verstehen. Stuttgart.

Themenbereich: Zeitmanagement

Rückert, Hans-Werner (2001). Schluß mit dem ewigen Aufschieben. 4. Auflage. Campus.

Schmidt, Josef; Wollner, Hilmar (1996). Zeitsouveränität. Der Weg zur modernen Zeit- und Lebensplanung. 4., überarbeitete Auflage 1996. Bayreuth: Josef Schmidt.

Scott, Martin (2001). Zeitgewinn durch Selbstmanagement. Campus Verlag.

Seiwert, Lothar J. (1997). Mehr Zeit für das Wesentliche – Besseres Zeitmanagement mit der SEIWERT-Methode. 17., aktualisierte Auflage. Landsberg am Lech: Verlag moderne Industrie.

Seiwert, Lothar J. (2001). Wenn Du es eilig hast, gehe langsam. 7. Auflage. Campus Verlag.

Stierand, Horst (2003). Fallstudien und praktische Fälle für den handlungsorientierten Betriebslehreunterricht. Darmstadt: Winklers.

9740186

Themenbereich: Methoden

Fink-Heuberger, Uwe; Jahn-Zimmermann, Bernd (1993). Methoden der empirischen Sozialforschung (Skript). Hohenheim.

Hoffmann, Bärbel; Langefeld, Ulrich (1998). Methoden-Mix. Unterrichtliche Methoden zur Vermittlung beruflicher Handlungskompetenz in kaufmännischen Fächern. 3. Auflage. Darmstadt: Winklers.

Kähler, Wolf-Michael (1998). SPSS für Windows. Eine Einführung in die Datenanalyse für die aktuelle Version. 4., überarbeitete und erweiterte Auflage. Braunschweig, Wiesbaden: Vieweg.

Kruppa, Peter (1997). Fitnesstraining für den Kopf. München: Südwest.

Schnell, Rainer; Hill, Paul B.; Esser, Elke (1999). Methoden der empirischen Sozialforschung. 6., völlig überarbeitete und erweiterte Auflage. München, Wien: Oldenbourg.

Steinmann, Bode; Weber, Birgit (Hrsg.) (1995). Handlungsorientierte Methoden in der Ökonomie. Neusäß: Kieser.

Themenbereich: Moderation

Gottschall, Arnulf u. a. (1995). Die Moderationsmethode. In: Pädagogik. Heft 6/Juni 1995. Weinheim: Beltz.

Hartmann, M.; Rieger, M.; Luoma, M. (2001). Zielgerichtet moderieren. 3. Auflage. Weinheim: Beltz.

Jehn Stefan u. a. (1996). Die Moderationsmethode II. In: Pädagogik. Heft 12/Dezember 1996. Weinheim: Beltz.

Klebert, K.; Schrader, E.; Straub, W. G. (1998). Kurzmoderation. Windmühle.

Neuland, Michèle (2001). Neuland-Moderation. 4. Auflage. Eichenzell: Neuland.

Schnelle-Cölln, Telse; Schnelle, Eberhard (1998). Visualisieren in der Moderation. Windmühle.

Seifert, Josef W. (2001). 30 Minuten für professionelles Moderieren. Bremen: Gabal.

Seifert, Josef W. (2001). Moderation & Kommunikation. 3. Auflage. Bremen: Gabal.

Sperling, Jan Bodo; Wasseveld, Jacqueline (1996). Führungsaufgabe Moderation. Besprechungen, Team, Projekte kompetent managen. Planegg: WRS.

Tosch, M.; Neuland, M.; Neuland, R.: Neuland-Moderation (Video). Eichenzell: Neuland.

Tosch, Michael (1999). Besprechungen moderieren. 2. Auflage. Eichenzell. Neuland.

Weidenmann, Bernd (2000). 100 Tipps & Tricks für Pinnwand und Flipchart. Weinheim: Beltz.

Themenbereich: Dokumentation

Nicol, Natascha; Albrecht, Ralf (2000). Wissenschaftliches Arbeiten mit Word. Formvollendete und normgerechte Examens-, Diplom- und Doktorarbeiten. München: Reading.

Niederhauser, Jörg (2000). Duden. Die schriftliche Arbeit. Mannheim.

Willberg, Hans Peter; Forssmann, Friedrich (1999). Erste Hilfe in Typografie. Ratgeber für Gestaltung und Schrift. Mainz.

Themenbereich: Präsentation

Amann, Kreszentia; Kegel, D.; Rausch, Bernhard; Siegmund, Alexander (2001). Erfolgreich präsentieren. Neusäß.

Gressmann, M.; Imdahl, R.; Jehn, S. (1999). Präsentation mit elektronischen Medien. Eichenzell: Neuland.

Heidemann, Rudolf (1999). Körpersprache im Unterricht. Ein praxisorientierter Ratgeber. 6., durchgesehene Auflage. Wiebelsheim: Quelle & Meyer.

Heidl, Karen (1999). PowerPoint 2000. Schneller finden! Schneller können! München.

Neuland, Michèle (1999). Ein nützlicher Ratgeber für FlipChart-Benutzer. Eichenzell: Neuland.

Rund, Wolfgang (2000). PowerPoint 2000. Braunschweig.

Seiffert, Josef W. (2002). Visualisieren, Präsentieren, Moderieren. 17. Auflage. Bremen: Gabal.

Weidenmann, Bernd (2000). 100 Tipps & Tricks für Pinnwand und Flipchart. Weinheim: Beltz.

Wittenzeller, Christine (2001). Präsentieren. München.

Themenbereich: Beurteilung

Grunder, Hans-Ulrich; Bohl, Thorsten (Hrsg.) (2001). Neue Formen der Leistungsbeurteilung in den Sekundarstufen I und II. Hohengehren: Schneider.

Nöthen, Karl-Georg; Thelen, Lutz (1995). Bewertung von Projektarbeiten. Köln.

9740188

Sachwortverzeichnis

9740190

Bildnachweis

Infografiken: Peter Hertzfeldt 16, 31, 39, 42, 43, 50, 51, 56, 58, 61, 62, 76, 79, 83, 89, 94, 119, 139, 143, 144

taz 90

GrafiCom 35, 36, 37, 48, 52, 62, 64, 67, 107